PHOTOSHOP CORELDRAW

艺术设计精粹案例教程

雷 亮　赵淑文　薄楠林 / 主　编

崔营营　马前进 / 副主编

U0315052

中国青年出版社
CHINA YOUTH PRESS

中青雄狮

图书在版编目（CIP）数据

中文版Photoshop+CorelDRAW艺术设计精粹案例教程 / 雷亮，赵淑文，薄楠林主编．
— 北京：中国青年出版社，2017.6
ISBN 978-7-5153-4701-1
I. ①中 …　II. ①雷 …　②赵 …　③薄 …　III. ①平面设计 – 图像处理软件 – 教材　IV. ①TP391.413
中国版本图书馆 CIP 数据核字（2017）第 074776 号

中文版Photoshop+CorelDRAW艺术设计精粹案例教程

雷　亮　赵淑文　薄楠林 / 主　编
崔营营　马前进 / 副主编

出版发行：　中国青年出版社
地　　址：　北京市东四十二条21号
邮政编码：　100708
电　　话：　（010）50856188 / 50856199
传　　真：　（010）50856111
企　　划：　北京中青雄狮数码传媒科技有限公司

策划编辑：　张　鹏
责任编辑：　张　军

印　　刷：　山东省高唐印刷有限责任公司
开　　本：　787×1092　　1/16
印　　张：　12.5
版　　次：　2017年6月北京第1版
印　　次：　2017年6月第1次印刷
书　　号：　ISBN 978-7-5153-4701-1
定　　价：　55.00元（附赠的网盘下载资料，含语音视频教学与案例素材文件）

本书如有印装质量等问题，请与本社联系　　电话：（010）50856188 / 50856199
读者来信：reader@cypmedia.com　　　　投稿邮箱：author@cypmedia.com
如有其他问题请访问我们的网站：http://www.cypmedia.com

众所周知，Photoshop是由Adobe Systems出品的图像处理软件，而CorelDRAW是由Corel公司推出的矢量图形制作工具软件。在实际应用中，这两款软件各有特色，各有所长。为了满足广大师生和设计爱好者的需要，我们组织一线设计师和高校教师共同编写了这本书。

书中案例的选择均着手于专业性、实用性和典型性，其设计思路合理、内容讲解详尽，符合读者的认知规律，无论对于平面设计初学者还是平面设计人员，都具有很强的参考及学习价值。本书从最基础的平面设计知识讲起，逐一对各类平面作品的创作方法和设计技巧进行阐述。全书共9章，各章内容安排如下：

本书内容概述

章　节	作品方向	作品名称	建议课时
Chapter 01	Photoshop CC知识准备		理论2课时　上机2课时
Chapter 02	CorelDRAW X8知识准备		理论2课时　上机2课时
Chapter 03	标志设计	珠宝公司标志设计	理论1课时　上机2课时
Chapter 04	杂志内页设计	家居杂志内页设计	理论1课时　上机2课时
Chapter 05	宣传页设计	防水鞋套宣传页设计	理论1课时　上机2课时
Chapter 06	海报设计	新年海报设计	理论1课时　上机2课时
Chapter 07	产品包装设计	儿童米粉包装盒设计	理论1课时　上机2课时
Chapter 08	网站首页设计	美食站网页设计	理论1课时　上机2课时
Chapter 09	APP界面设计	手机音乐APP界面设计	理论1课时　上机2课时

适用读者群体

- 大中专院校相关专业的师生；
- 各培训机构中学习平面设计的学员；
- 从事平面设计的工作人员；
- 对图像处理有着浓厚兴趣的爱好者。

赠送超值资料

为了帮助读者更加直观地学习本书，特附网盘下载地址，包含如下学习资料：

- 书中实例的素材文件，方便读者高效学习；
- 书中案例文件，以帮助读者加强练习，真正做到熟能生巧；
- 语音教学视频，手把手教你学，扫除初学者对新软件的陌生感。

本书作者在长期的工作中积累了大量的经验，在写作过程中始终坚持严谨细致的态度、力求精益求精。在学习过程中，欢迎加入读者交流群（QQ群：181509741）进行学习探讨。由于时间有限，书中疏漏之处在所难免，希望读者朋友批评指正。

编　者

CONTENTS

中文版
Photoshop+CorelDRAW
艺术设计精粹案例教程

目 录

仔细聆听

Part 01 基础知识篇

Chapter 01 Photoshop CC 知识准备

Part 02 综合案例篇

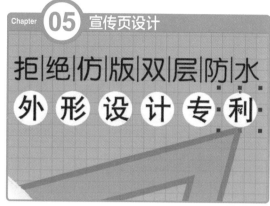

01

PART

基础知识篇

本书前两章是基础知识篇，主要对Photo-shop CC、CorelDRAW X8各知识点的概念及应用进行详细介绍，熟练掌握这些理论知识，将为后期综合应用中大型案例的学习奠定良好基础。

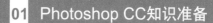

01　Photoshop CC知识准备

02　CorelDRAW X8知识准备

田园风光

本章导读

Adobe Photoshop CC是集图像扫描、编辑修改、动画制作、图像设计、广告创意、图像输入和输出于一体的图形图像处理软件，平面设计人员和电脑美术爱好者都喜欢使用该软件。

学习目标

❶ 了解并使用基本绘图工具
❷ 深入学习对象的编辑
❸ 熟知图层样式并应用

案例预览

1.1 初识Photoshop CC

启动Photoshop CC，打开文件夹中的任意图像，进入其工作界面。Photoshop CC的操作界面主要包括菜单栏、工具箱、属性栏、浮动面板、编辑窗口以及状态栏等，如下图所示。

1. 菜单栏

由文件、编辑、图像、文字和选择等11类菜单命令组合成菜单栏，将鼠标指针移动至菜单栏中有▶图标的命令上，将显示相应的子菜单，在子菜单中选择要使用的菜单项目，即可执行此命令。

2. 工具箱

默认情况下，工具箱位于编辑区的左侧，用鼠标单击工具箱中的工具按钮，即可调用该工具。部分工具图标的右下角有一个黑色小三角形▣图标，表示该工具还包含多个子工具。使用鼠标右键单击工具图标或按住工具图标不放，则会显示工具组中隐藏的子工具。

3. 属性栏

属性栏一般位于菜单栏的下方，它是各种工具的参数控制中心。根据选择工具的不同，所提供的属性栏选项也有所不同。用户使用工具栏中的某个工具时，属性栏会变成当前使用工具的属性设置选项，下图为选区工具的属性栏。

> **提示** 在使用某种工具前，先要在工具属性栏中设置其参数。选择"窗口>选项"命令，可以对工具属性栏进行隐藏和显示操作。

4. 状态栏

状态栏位于文档窗口的底部，用于显示当前操作提示和当前文档的相关信息。用户可以选择需要在状态栏中显示的信息，即单击状态栏右端的▶按钮，在弹出的快捷菜单中选择所需选项即可，如下左图所示。

5. 工作区和图像编辑窗口

在Photoshop CC 工作界面中，灰色的区域就是工作区，图像编辑窗口在工作区内。图像编辑窗口的顶部为标题栏，标题中显示了文件的名称、格式、大小、显示比例和颜色模式等信息，如下右图所示。

6. 浮动面板

浮动面板浮动在窗口的上方，可以随时切换以访问不同的面板内容，主要用于配合图像的编辑，对操作进行控制和参数设置。常见的面板有"图层"面板、"通道"面板、"路径"面板、"历史记录"面板和"颜色"面板等。在面板上右击，还能针对不同的面板功能打开一些快捷菜单进行操作，打开的面板效果如下图所示。

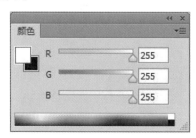

1.1.1 图像尺寸的调整

调整图像大小是指在保留所有图像的情况下，通过改变图像的比例来实现图像尺寸的调整。

1. 使用"图像大小"命令调整

图像质量的好坏与图像的大小、分辨率有很大的关系，分辨率越高，图像就越清晰，而图像文件所占用的空间也就越大。

选择"图像>图像大小"命令，将弹出"图像大小"对话框，从中可对图像的参数进行相应的设置，然后单击"确定"按钮即可，如下图所示。

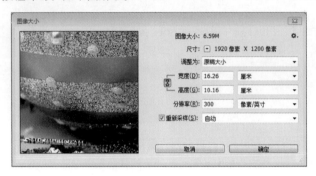

在该对话框中，包括了以下几个选项：

- **图像大小**：通过改变"宽度"、"高度"和"分辨率"选项的数值，改变图像的大小，图像的尺寸也相应改变。
- **缩放样式**：勾选此选项后，若在图像操作中添加了图层样式，可以在调整大小时自动缩放样式大小。
- **尺寸**：只沿图像的宽度和高度的总像素数，单击尺寸右侧的按钮，可以改变计量单位。
- **约束比例**：单击"宽度"和"高度"选项左侧将出现锁链标志，标识改变其中一项设置时，两个项目中的数值将按比例同时改变。
- **分辨率**：指位图图像中的细节精细度，计量单位是像素/英寸，每英寸的像素越多，分辨率越高。
- **重新采样**：不勾选此复选框，志存的数值将不会改变，"宽度"、"高度"和"分辨率"选项左侧将出现锁链标志，之后再改变数值会同时改变。

2. 使用裁剪工具调整

裁剪工具主要用来调整画布的尺寸与图像中对象的尺寸。裁剪图像是指使用裁剪工具将部分图像剪去，从而实现图像尺寸的改变或者获取操作者需要的图像部分。

选择工具箱中的裁剪工具，在图像中拖曳得到矩形区域，矩形外的图像会变暗，以便于显示出被裁剪的区域。矩形区域的内部代表裁剪后图像保留的部分。裁剪框的周围有8个控制点，用于执行移动、缩小、放大和旋转等调整操作。下图为图片裁剪前后对比效果。

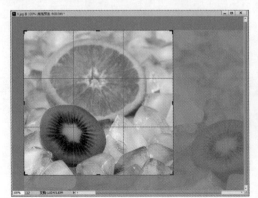

1.1.2　画布大小的调整

画布是显示、绘制和编辑图像的工作区域，对画布尺寸进行调整可以在一定程度上影响图像尺寸的大小。放大画布时，会在图像四周增加空白区域，但不会影响原有的图像；缩小画布时，可以裁剪掉不需要的图像边缘。

选择"图像>画布大小"命令，将弹出"画布大小"对话框，如下图所示。在该对话框中，设置扩展图像的宽度和高度，并能对扩展区域进行定位。

同时，在"画布扩展颜色"下拉列表中有"背景"、"前景"、"白色"、"黑色"和"灰色"等颜色可供选择，最后只需单击"确定"按钮即可让图像的调整生效。将画布向四周扩展的对比效果如下图所示。

1.1.3　图像的恢复操作

在处理图像的过程中，若对效果不满意或出现操作错误，可使用软件提供的恢复操作功能来处理这类问题。

1. 退出操作

退出操作是指在执行某些操作的过程中，在完成该操作之前中途退出操作，从而取消当前操作对图像的影响。要执行退出操作，只须在操作时按Esc键。

2. 恢复到上一步操作

恢复到上一步是指图像恢复到上一步编辑操作之前的状态，该步骤所做的更改将被全部撤销。其方法是选择"编辑>后退一步"命令，或按快捷键Ctrl+Z，如下左图所示。

3. 恢复到任意步操作

如果需要恢复的步骤较多，可选择"窗口 > 历史记录"命令，打开"历史记录"面板，在历史记录列表中找到需要恢复到的操作步骤，在要返回的相应步骤上单击即可，如下右图所示。

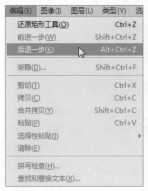

1.2　基础工具的应用

在Photoshop中，要对图像的局部进行编辑，首先要通过各种途径将其选中，也就是所说的创建选区。选区实际上就是操作范围的一个界定，按形状样式可将选区划分为"规则选区"和"不规则选区"两大类。创建选区的方法有很多种，可以根据具体情况使用最方便的方法来创建选区。

1.2.1　选框工具组

选框工具可绘制规则选区（如矩形、椭圆等）和不规则选区。通常，规则选区由矩形选框工具、椭圆选框工具等绘制完成；而不规则选区则由套索工具、多边形套索工具和磁性套索工具等绘制完成。

1. 矩形和正方形选区的创建

创建矩形选区的方法是在工具箱中选择矩形选框工具，在图像中单击并拖动光标，绘制出矩形的选框，框内的区域就是选择区域，即为选区。

若要绘制正方形选区，则可以在按住Shift键的同时在图像中单击并拖动光标，绘制出的选区即为正方形选区。

选择矩形选框工具后，将会显示出该工具的属性栏，如下图所示。

各选项的功能介绍如下：

- **"当前工具"按钮**：该按钮显示的是当前所选择的工具，单击该按钮可以弹出工具箱的快捷菜单，在其中可以调整工具的相关参数。
- **区编辑按钮组**：该按钮组又被称为"布尔运算"按钮组，各按钮的名称从左至右分别是新选区、添加到选区、从选区中减去及与选区交叉。单击"新选区"按钮，选择新的选区；单击"添加到选区"按钮，可以连续选择选区，将新的选择区域添加到原来的选择区域里；单击"从选区减去"按钮，选择范围为从原来的选择区域里减去新的选择区域；单击"与选区交叉"按钮，选择的是新选择区域和原来选择区域相交的部分。
- **"羽化"文本框**：羽化是指通过创建选区边框内外像素的过渡来使选区边缘模糊，羽化宽度越大，则选区的边缘越模糊，此时选区的直角处也将变得圆滑，其取值范围在0~250像素之间。
- **"样式"下拉列表**：该下拉列表中有"正常"、"固定比例"和"固定大小"3个选项，用于设置选区的形状。

2. 椭圆和正圆选区的创建

创建椭圆形选区的方法是在工具箱中选择椭圆选框工具◯，在图像中单击并拖动光标，绘制出椭圆形的选区，如下左图所示。若要绘制正圆形的选区，则可以按住Shift键的同时在图像中单击并拖动光标，绘制出的选区即为正圆形，如下右图所示。

实际应用中，环形选区应用是比较多的，创建环形选区需要借助"从选区减去"按钮▣。首先创建一个圆形选区，然后单击"从选区减去"按钮▣，再次拖动绘制选区，此时绘制的部分比原来的选区略小，其中间的部分被减去，而只留下环形的圆环区域，如下图所示。

3. 单行/单列选区的创建

在工具箱中单击单行选框工具▭，在图像中单击并拖动，绘制出单行选区。保持"添加到选区"按钮的被选中状态，继续单击单列选框工具▯，在图像中单击并拖动光标，绘制出单列选区，以增加选区绘制出十字选区，如下图所示。

> **提示** 利用单行选框工具和单列选框工具创建的是1像素宽的横向或纵向选区，主要用于制作一些线条。

1.2.2 套索工具组

不规则选区工具用于比较随意、自由、不受具体某个形状制约的选区，在实际应用中比较常见。Photoshop CC为用户提供了套索工具组和魔棒工具组，其中包含套索工具、多边形套索工具、磁性套索工具、魔棒工具以及快速选择工具，以便用户能更自由地对选区进行创建。

1. 套索工具

利用套索工具可以创建任意形状的选区，操作时只需要在图像窗口中按住鼠标进行绘制，释放鼠标后即可创建选区，如下图所示。

> **提示** 如果所绘轨迹是一条闭合曲线，则选区为该曲线所选范围；若轨迹是非闭合曲线，则套索工具会自动将该曲线的两个端点以直线连接，构成一个闭合选区。

2. 多边形套索工具

使用多边形套索工具，可以创建具有直线轮廓的不规则选区。多边形套索工具的原理是使用线段作为选区局部的边界，由鼠标连续点击生成的线段连接起来，形成一个多边形的选区。

操作时先在图像中单击创建出选区的起始点，然后沿需要创建选区的轨迹上单击鼠标，创建出选区的其他端点，最后将光标移动到起始点处，当光标变成 ▷ 形状时单击，即创建出需要的选区，如下图所示。若不回到起点，在任意位置双击鼠标也会自动在起点和终点间生成一条连线作为多边形选区的最后一条边。

> **提示** 在属性栏中单击"添加到选区"按钮，还可以将更多的选区添加到创建的选区中。

3. 磁性套索工具

使用磁性套索工具，可以在图像中颜色交界处反差较大的区域创建出精确选区。磁性套索工具是根据颜色像素自动查找边缘来生成与选择对象最为接近的选区，一般适用于选择与背景反差较大且边缘复杂的对象。

磁性套索工具的操作方法是在图像窗口中需要创建选区的位置单击确定选区起始点，沿选区的轨迹拖动鼠标，系统将自动在鼠标移动的轨迹上选择对比度较大的边缘并产生节点，当光标回到起始点变为形状时单击，即可创建出精确的不规则选区，如下图所示。

> **提示** 当磁性套索节点不够密集时，可以在"磁性套索"的选项菜单中设置频率。

1.2.3　魔棒工具组

魔棒工具组包括魔棒工具和快速选择工具，属于灵活性很强的选择工具，通常用于选取图像中颜色相同或相近的区域，不必跟踪其轮廓。

选择魔棒工具后，将会显示出该工具的属性栏，如下图所示：

在工具箱中单击魔棒工具，在属性栏中设置"容差"值以辅助软件对图像边缘进行区分，一般情况下设置为30px。将光标移动到需要创建选区的图像中，当其变为形状时单击即可快速创建选区，如下图所示。

使用快速选择工具创建选区时，其选取范围会随着光标移动而自动向外扩展并自动查找和跟随图像中定义的边缘，如果所选区域分两个部分，则可以在属性栏选择"添加选区"按钮。

1.2.4 画笔工具组

在Photoshop中，可以使用画笔工具、铅笔工具和历史记录画笔工具等来绘制图像。只有了解并掌握各种绘图工具的功能与操作方法，才能绘制出想要的图像效果，同时也为图像处理的自由性增加了灵活的空间。

1. 画笔工具

在Photoshop中，画笔工具的应用比较广泛，使用画笔工具可以绘制出多种图形。在"画笔"控制调板上所选择的画笔决定了绘制效果。

单击画笔工具 后，在菜单栏下方将显示该工具的属性栏，如下图所示。

其中，属性栏中主要选项的含义分别介绍如下：
- **"工具预设"** ：实现新建工具预设和载入工具预设等操作。
- **"画笔预设"** ：选择画笔笔尖，设置画笔大小和硬度。
- **"模式"** ：设置画笔的绘画模式，即绘画时的颜色与当前颜色的混合模式。
- **"不透明度"** ：设置在使用画笔绘图时所绘颜色的不透明度。该值越小，所绘出的颜色越浅，反之则越深。
- **"流量"** ：设置使用画笔绘图时，所绘颜色的深浅。若设置的流量较小，则其绘制效果如同降低透明度一样，但经过反复涂抹，颜色会逐渐饱和。
- **"启用喷枪样式的建立效果"** ：单击该按钮即可启动喷枪功能，将渐变色调应用于图像，同时模拟传统的喷枪技术，Photoshop会根据单击程度确定画笔线条的填充数量。下图为使用不同的画笔样式绘制出的图像效果。

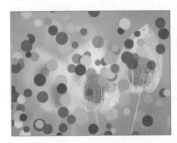 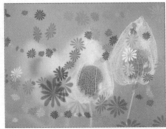 

除了在属性栏中对画笔进行设置之外，还可以单击切换画笔面板按钮 或者按F5键显示"画笔"面板，在其中同样也能对画笔样式、大小以及绘制选项进行设置。

2. 铅笔工具

铅笔工具在功能及运用上与画笔工具类似，但是使用铅笔工具可以绘制出硬边缘的效果，特别是绘制斜线，锯齿效果会非常明显，并且所有定义的外形光滑的笔刷也会被锯齿化。单击铅笔工具 ，在菜单栏下方显示该工具的属性栏，如下图所示。

在属性栏中，除了"自动抹掉"复选框外，其他选项均与画笔工具相同。勾选"自动抹除"复选框，铅笔工具会自动选择是以前景色还是背景色作为画笔的颜色。若起始点为前景色，则以背景色作为画笔颜色；若起始点为背景色，则以前景色作为画笔颜色。

按住Shift键的同时单击铅笔工具，在图像中拖动鼠标可以绘制直线效果。下图为使用不同的铅笔样式绘制出的图像效果。

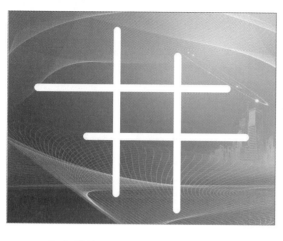 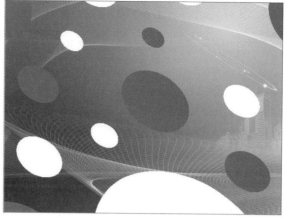

颜色替换工具位于画笔工具组中，用户可以在保留图像原有材质与明暗的基础上，使用颜色替换工具将前景色置换为图像中的色彩，赋予图像更多变化。单击颜色替换工具 ，在菜单栏下方显示该工具的属性栏，如下图所示。

在属性栏中，各主要选项的含义介绍如下：

- **"模式"选项** ：用于设置替换颜色与图像的混合方式，有"色相"、"饱和度"、"明度"和"颜色"四种方式供选择。
- **取样方式选项** ：用于设置所要替换颜色的取样方式，包括"连续"、"一次"和"背景色板"三种方式。
- **"限制"选项** ：用于指定替换颜色的方式。选择"不连续"选项表示替换在容差范围内所有与取样颜色相似的像素；选择"连续"选项表示替换与取样点相接或邻近的颜色相似区域；选择"查找边缘"选项表示替换与取样点相连的颜色相似区域，能较好地保留替换位置颜色反差较大的边缘轮廓。
- **"容差"选项** ：用于控制替换颜色区域的大小。数值越小，替换的颜色就越接近色样颜色，所替换的范围也就越小，反之替换的范围越大。
- **"消除锯齿"复选框** ：勾选此复选框，在替换颜色时，将得到较平滑的图像边缘。

颜色替换工具的使用方法很简单，首先设置前景色，然后选择颜色替换工具，并设置各选项参数值，在图像中进行涂抹即可实现颜色的替换，如下图所示。

1.2.5 橡皮擦工具组

在Photoshop CC中，擦除图像即对整幅图像中的部分区域进行擦除，擦除工具包括橡皮擦工具、背景橡皮擦工具和魔术橡皮擦工具。同时还可以使用渐变工具将某种颜色或渐变效果以指定的样式进行填充。

1. 橡皮擦工具

橡皮擦工具主要用于擦除当前图像中的颜色。单击橡皮擦工具 ，在菜单栏的下方会显示该工具的属性栏，如下图所示。

在该属性栏中，主要选项的含义介绍如下：

- **"模式"选项**：包括画笔、铅笔和块3个选项。若选择"画笔"或"铅笔"选项，可以设置使用画笔工具或铅笔工具的参数，包括笔刷样式、大小等。若选择"块"模式，橡皮擦工具将使用方块笔刷。
- **"不透明度"数值框**：若不想完全擦除图像，则可以降低不透明度。
- **"抹到历史记录"**：在擦除图像时，可以使图像恢复到任意一个历史状态。该方法常用于恢复图像的局部到前一个状态。

使用橡皮擦工具在图像窗口中拖动鼠标，可用背景颜色来覆盖鼠标拖动处的图像颜色。若是对背景图层或是已锁定透明像素的图层使用橡皮擦工具，则会将像素更改为背景色；若是对普通图层使用橡皮擦工具，则会将像素更改为透明效果，如下图所示。

2. 背景橡皮擦工具

背景橡皮擦工具可以用于擦除指定颜色，并将被擦除的区域以透明色填充。单击背景橡皮擦工具 ，在菜单栏的下方会显示该工具的属性，如下图所示。

在该属性栏中，各主要选项含义介绍如下：

- **"限制"选项**：在该下拉列表中包含3个选项，若选择"不连续"选项，则擦除图像中所有具有取样颜色的像素；若选择"连续"选项，则擦除图像中与光标相连的具有取样颜色的像素；若选择"查找边缘"选项，则在擦除与光标相连区域的同时保留图像中物体锐利的边缘效果。
- **"容差"文本框**：可设置被擦除的图像颜色与取样颜色之间差异的大小，取值范围为0%～100%。数值越小被擦除的图像颜色与取样颜色越接近，擦除的范围越小；数值越大则擦除的范围越大。
- **"保护前景色"复选框**：勾选该复选框可防止具有前景色的图像区域被擦除。下图为使用背景橡皮擦工具擦除图像效果图。

3. 魔术橡皮擦工具

魔术橡皮擦工具 是魔术棒工具和背景橡皮擦工具的综合，它是一种根据像素颜色来擦除图像的工具。单击魔术橡皮擦工具，在属性栏中可以设置其参数，如下图所示。

在属性栏中，各主要选项的含义介绍如下：

- **"消除锯齿"复选框**：勾选此复选框，将得到较平滑的图像边缘。
- **"连续"复选框**：勾选该复选框可使擦除工具仅擦除与单击处相连接的区域。
- **"对所有图层取样"复选框**：勾选该复选框，将利用所有可见图层中的组合数据来采集色样，否则只对当前图层的颜色信息进行取样。

使用魔术橡皮擦工具可以一次性擦除图像或选区中颜色相同或相近的区域，让擦除部分的图像呈透明效果。该工具可以直接对背景图层进行擦除操作，而无需进行解锁，下图为使用魔术橡皮擦擦除图像的效果图。

1.2.6 渐变工具组

在Photoshop CC中，利用渐变工具组里的渐变工具，可以在图像中填充渐变色。如果图像中没有选区，渐变色会填充到当前图层上；如果图像中有选区，渐变色会填充到选区当中。渐变工具组中包含渐变工具和油漆桶工具。

1. 渐变工具

在填充颜色时，使用渐变工具可以将颜色从一种颜色变化到另一种颜色，如由浅到深、由深到浅的变化。单击渐变工具 ，属性栏中将显示渐变工具的参数选项，如下图所示。

在该属性栏中，各主要选项的含义介绍如下：

- **"编辑渐变"选项**：用于显示渐变颜色的预览效果。单击渐变颜色，将弹出"渐变编辑器"对话框，从中可以设置渐变颜色，如下图所示。

- **渐变类型**：单击不同的按钮即选择不同渐变类型，从左到右分别是"线性渐变"、"径向渐变"、"角度渐变"、"对称渐变"和"菱形渐变"。
- **"模式"选项**：用于设置渐变的混合模式。
- **"不透明度"数值框**：用于设置填充颜色的不透明度。
- **"反向"复选框**：勾选该复选框，填充后的渐变颜色刚好与用户设置的渐变颜色相反。
- **"仿色"复选框**：勾选该复选框，可以用递色法来表现中间色调，使渐变效果更加平衡。
- **"透明区域"复选框**：勾选该复选框，将打开透明蒙板功能，使渐变填充可以应用透明设置。

选择渐变工具，在弹出的面板中单击选择相应的渐变样式，然后将鼠标定位在图像中要设置为渐变起点的位置，拖动以定义终点，即可自动填充渐变。

2. 油漆桶工具

在填充颜色时，使用油漆桶工具即可以在选区中填充颜色，也可以在图层图像上单击鼠标填充颜色。单击油漆桶工具 ，属性栏中将显示油漆桶工具的参数选项，如下图所示。

在该属性栏中，各主要选项的含义介绍如下：

- **"填充"选项**：选择"前景"选项，表示在图中填充的前景色；选择"图案"选项，表示在图中填充的是连续的图案。
- **"模式"选项**：用于设置渐变的混合模式。
- **"不透明度"数值框**：用于设置填充颜色的不透明度。
- **"容差"数值框**：用于控制油漆桶工具每次填充的范围，数值越大，允许填充的范围也就越大。
- **"消除锯齿"复选框**：勾选该复选框，可使填充的边缘保持平滑。
- **"连续的"复选框**：勾选该复选框，填充的区域是和鼠标单击相似并连续的部分；如果不勾选该复选框，填充的区域是所有和鼠标单击点相似的像素，不管是否和鼠标单击点连续。
- **"所有图层"复选框**：勾选该复选框，不管当前在哪个层上操作，用户所使用的工具对所有的图层都起作用，而不是只针对当前操作图层。

选择油漆桶工具，在图层图像上单击鼠标，填充前景色，效果如下图所示。

1.2.7 图章工具组

图章工具是常用的修饰工具，主要用于对图像的内容进行复制和修复。图章工具包括仿制图章工具和图案图章工具。

1. 仿制图章工具

仿制图章工具的作用是将取样图像应用到其他图像或同一图像的其他位置。使用仿制图章工具操作前需要从图像中取样，然后将样本应用到其他图像或同一图像的其他部分。仿制图章工具与修复画笔工具区别在于，使用仿制图章工具复制出来的图像在色彩上与原图是完全一样的，因此仿制图章工具在进行图片处理时，用处是很大的。

选择仿制图章工具，在属性栏上显示其参数属性，如下图所示。

单击仿制图章工具，在属性栏中设置工具参数后，按住Alt键，在图像中单击取样。释放Alt键后，在需要修复的图像区域单击，即可仿制出取样处的图像，如下图所示。

2. 图案图章工具

图案图章工具是将系统自带的或用户自定义的图案进行复制，并应用到图像中。图案可以用来创建特殊效果、背景网纹或壁纸设计等。选择图案图章工具，在属性栏上显示其参数属性，如下图所示。

在属性栏中，若勾选"对齐"复选框，每次单击拖曳得到的图像效果是图案重复衔接拼贴；若取消勾选"对齐"复选框，多次复制时会得到图像的重叠效果。

首先使用矩形选框工具选取要作为自定义图案的图像区域，然后选择"编辑>定义图案"命令，打开"图案名称"对话框，为选区命名并保存。单击图案图章工具，在属性栏中的"图案"下拉列表中选择所需图案，将鼠标移到图像窗口中，按住鼠标左键并拖动，即可使用选择的图案覆盖当前区域的图像，如下图所示。

3. 内容感知移动工具

内容感知移动工具是Photoshop CC新增的一个强大功能，是操作简单的智能修复工具。内容感知移动工具主要有两大功能：

● **感知移动功能**：该功能主要是用来移动图片中的主体，并随意放置到合适的位置。移动后的空隙位置，软件会智能修复。

● **快速复制**：选取想要复制的部分，移到其他需要的位置就可以实现复制，复制后的边缘会自动柔化处理，跟周围环境融合。

选择内容感知移动工具 ✖️，在属性栏中显示其属性参数，如下图所示。

其中，该属性栏中各主要选项的含义介绍如下：

● **"模式"选项**：包括"移动"、"扩展"两个选择。选择"移动"选项，可以实现"感知移动"功能；选择"扩展"选项，可以实现"快速复制"功能。

● **"适应"选项**：在该下拉列表中包含"非常严格"、"严格"、"中"、"松散"、"非常松散"五个调整方式选项，设定复制时是完全复制，还是允许"内容感知"感测环境后做些调整。一般来说，预设的"中"选项就有不错的效果。

1.2.8　污点修复工具组

用户可根据需要选择修复画笔工具、修复画笔工具、修补工具、红眼工具等，对照片进行相应的修复操作。

1. 污点修复画笔工具

污点修复画笔工具 🖌️ 是将图像的纹理、光照和阴影等与所修复的图像进行自动匹配。该工具不需要进行取样定义样本，只要确定需要修补的图像位置，然后在需要修补的位置单击并拖动鼠标，释放鼠标即可修复图像中的污点，快速除去图像中的瑕疵。

选择污点修复画笔工具 🖌️，在属性栏中显示其属性参数，如下图所示。

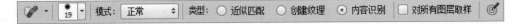

在属性栏中，主要选项含义如下：

- **"类型"选项区域**：选中"近似匹配"单选按钮，将使用选区边缘周围的像素来查找要用作选定区域修补的图像区域；选中"创建纹理"单选按钮，将使用选区中的所有像素创建一个用于修复该区域的纹理；选中"内容识别"单选按钮，将使用附近的图像内容，不留痕迹地填充选区，同时保留让图像栩栩如生的关键细节，如阴影和对象边缘。
- **"对所有图层取样"复选框**：勾选该复选框，可使取样范围扩展到图像中所有的可见图层。

2. 修复画笔工具

修复画笔工具与污点修复画笔工具功能相似，最根本的区别在于在使用修复画笔工具前需要指定样本，即在无污点位置进行取样，再用取样点的样本图像来修复图像。与仿制图章工具相同，可以用于修补瑕疵，即从图像中取样或用图案填充图像。修复画笔工具在修复时，在颜色上会与周围颜色进行一次运算，使其更好地与周围融合。

选择修复画笔工具  ，在属性栏中显示其属性参数，如下图所示。

在该属性栏中，选中"取样"单选按钮，表示修复画笔工具对图像进行修复时以图像区域中某处颜色作为基点。选中"图案"单选按钮，可在其右侧的列表中选择已有的图案用于修复。

3. 修补工具

修补工具和修复画笔工具类似，都是使用图像中其他区域或图案中的像素来修复选中的区域。修补工具会将样本像素的纹理、光照和阴影与源像素进行匹配。

选择修补工具  ，在属性栏中显示其属性参数，如下图所示。若选择"源"单选按钮，则修补工具将从目标选区修补源选区；若选择"目标"单选按钮，则修补工具将从源选区修补目标选区。

4. 红眼工具

在使用闪光灯或在光线昏暗处进行人物拍摄时，拍出的照片人物眼睛容易泛红，这种现象即我们常说的红眼现象。Photoshop提供的红眼工具可以非常方便地去除照片中人物眼睛中的红点，以恢复眼睛光感。

1.3 路径的创建

路径工具是Photoshop矢量设计功能的充分体现，用户可以利用路径功能绘制线条或者曲线，并对绘制后的线条进行填充，从而完成一些选取工具无法完成的工作，因此，必须熟练掌握路径工具的使用。使用钢笔工具和自由钢笔工具都可以创建路径，也可以使用钢笔工具组中的其他工具，如添加锚点工具、删除锚点工具等对路径进行修改和调整，使其更适合用户的要求。

1.3.1 路径和"路径"面板

所谓路径，是指在屏幕上表现为一些不可打印、不能活动的矢量形状，由锚点和连接锚点的线段或曲线构成，每个锚点还包含了两个控制柄，用于精确调整锚点及前后线段的曲度，从而匹配想要选择的边界。

选择"窗口>路径"命令，打开"路径"面板，从中可以进行路径的新建、保存、复制、填充以及描边等操作，如右图所示。

在"路径"面板中，各主要选项的含义介绍如下：

● **路径缩略图和路径层名**：用于显示路径的大致形状和路径名称，双击名称后可为该路径重命名。

● **"用前景色填充路径"按钮**●：单击该按钮将使用前景色填充当前路径。

● **"用画笔描边路径"按钮**○：单击该按钮可用画笔工具和前景色为当前路径描边。

● **"将路径作为选区载入"按钮**：单击该按钮可将当前路径转换成选区，此时还可对选区进行其他编辑操作。

● **"从选区生成工作路径"按钮**：单击该按钮可将当前选区转换成路径。

● **"添加图层蒙版"按钮**：单击该按钮可以为路径添加图层蒙版。

● **"创建新路径"按钮**：单击该按钮可以创建新的路径图层。

● **"删除当前路径"按钮**：单击该按钮可以删除当前路径图层。

1.3.2　钢笔工具组

Photoshop软件中的钢笔工具组提供了一组用于创建、编辑路径的工具，位于软件的工具箱中，默认情况下，其图标呈现为钢笔图标。

1. 钢笔工具

钢笔工具是一种矢量绘图工具，可以精确绘制出直线或平滑的曲线。选择钢笔工具，在图像中单击创建路径起点，此时在图像中会出现一个锚点，沿图像中需要创建路径的图案轮廓方向单击并按住鼠标不放向外拖动，让曲线贴合图像边缘，直到光标与创建的路径起点相连接，路径才会自动闭合，如下图所示。

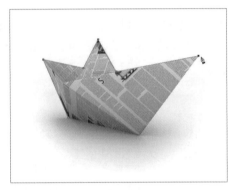

2. 自由钢笔工具

使用自由钢笔工具在图像窗口中拖动鼠标，可以绘制任意形状的路径。在绘画时，将自动添加锚点，无需确定锚点的位置，完成路径后同样可进一步对其进行调整。

选择自由钢笔工具，在属性栏中勾选"磁性的"复选框，将创建连续的路径，同时会随着鼠标的移动产生一系列的锚点，如下左图所示；若取消勾选该复选框，则可创建不连续的路径，如下右图所示。

提示 自由钢笔工具和套索工具相似，不同的是，套索工具绘制的是选区，而自由钢笔工具绘制的是路径。

1.3.3 路径形状的调整

路径可以是平滑的直线或曲线，也可以是由多个锚点组成的闭合形状，在路径中添加锚点或删除锚点都能改变路径的形状。

1. 添加锚点

在工具箱中单击添加锚点工具 ，将鼠标移到要添加锚点的路径上，当鼠标变为 形状时单击，即可添加一个锚点，添加的锚点以实心显示，此时拖动该锚点可以改变路径的形状，如下图所示。

2. 删除锚点

删除锚点工具的功能与添加锚点工具相反，主要用于删除不需要的锚点。在工具箱中单击删除锚点工具 ，将鼠标移到要删除的锚点上，当鼠标变为 形状时单击，即可删除该锚点，删除锚点后路径的形状也会发生相应变化。

3. 转换锚点

使用转换点工具 能将路径在尖角和平滑之间进行转换，具体有以下几种方式：

● 在要转换为平滑点的锚点上按住鼠标左键不放并拖动，会出现锚点的控制柄，拖动控制柄即可调整曲线的形状，如下左图所示。
● 若要将平滑点转化成没有方向线的角点，只要单击平滑锚点即可，如下中图所示。
● 若要将平滑点转换为带有方向线的角点，则在方向线出现时拖动方向点，使方向线断开，如下右图所示。

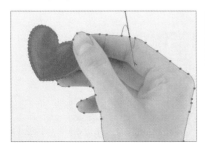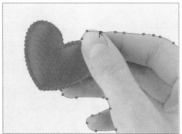

1.4 文字的处理与应用

在Photoshop中，文字属于一种特别的图像，由像素组成，与当前图像具有相同的分辨率，放大与缩小文字，其边缘不会模糊。

1.4.1 创建文本

任何设计中都会出现文字这一元素，文字不仅具有说明性，还可以美化图片，增加图片的完整性。在Photoshop CC中，文字工具包括横排文字工具、直排文字工具、横排文字蒙版工具和直排文字蒙版工具。使用鼠标右键单击横排文字工具 **T** 按钮右下角的小三角形图标，或按住左键不放，即可显示出该工具组中隐藏的子工具，如右图所示。

▪ T 横排文字工具	T
↓T 直排文字工具	T
🏳 横排文字蒙版工具	T
↓🏳 直排文字蒙版工具	T

选择文字工具后，将在属性栏中显示该工具的属性参数，其中包括了多个按钮和选项设置，如下图所示。

> T ▾ ↓T 宋体 ▾ - ▾ ⌶T 12点 ▾ aa 锐利 ▾ ▤ ▤ ▤ □ ⌇ ▥

其中，各选项的含义介绍如下：

- **"更改文本方向"按钮** ↓T：单击该按钮即可实现文字横排和直排之间的转换。
- **"字体"选项**：用于设置文字字体。
- **"设置字体样式"选项** Regular ▾：用于设置文字加粗、斜体等样式。
- **"设置字体大小"选项** ⌶T：用于设文字的字体大小，默认单位为点，即像素。
- **"设置消除锯齿的方法"选项** aa：用于设置消除文字锯齿的模式。
- **对齐按钮组** ▤ ▤ ▤：用于快速设置文字对齐方式，从左到右依次为"左对齐"、"居中对齐"和"右对齐"。
- **"设置文本颜色"色块**：单击色块，将打开"拾色器"对话框，在其中设置文本颜色。
- **"创建文字变形"按钮** ⌇：单击该按钮，将打开"变形文字"对话框，在其中可设置文字变形样式。
- **"切换字符和段落面板"按钮** ▥：单击该按钮即可快速打开"字符"面板和"段落"面板。

> **提示** 横排文字蒙版工具可创建出横排的文字选区，使用该工具时图像上会出现一层红色蒙版；垂直文字蒙版工具与横排文字蒙版工具效果一样，只是方向为竖排文字选区。

1. 输入水平与垂直文字

选择文字工具，在属性栏中设置文字的字体和字号，然后在图像上单击，此时在图像中出现相应的文本插入点，输入文字即可，文本的排列方式包含横排文字和直排文字两种。使用横排文字工具可以在图像中从左到右输入水平方向的文字，如下左图所示。使用直排文字工具可以在图像中输入垂直方向的文字，如下右图所示。文字输入完成后，按快捷键Ctrl+Enter或者单击文字图层即可。

2. 输入段落文字

若需要输入的文字内容较多，可通过创建段落文字的方式来进行文字输入，以便对文字进行管理并对格式进行设置。

选取文字工具，将鼠标指针移动到图像窗口中，当鼠标变成插入符号时，按住鼠标左键不放并拖动，此时在图像窗口中拉出一个文本框，如下左图所示。文本插入点会自动插入到文本框前端，然后在文本框中输入文字，当文字到达文本框的边界时会自动换行。如果文字需要分段，则按Enter键即可，如下右图所示。

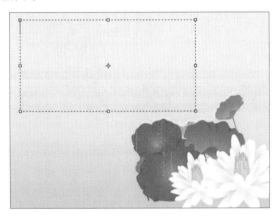 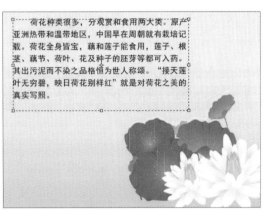

若绘制的文本框较小，会导致输入的文字内容不能完全显示在文本框中，此时将鼠标指针移动到文本框四周的控制点上，拖动鼠标调整文本框大小，使文字全部显示在文本框中。

3. 输入文字型选区

选择横排文字蒙版工具或直排文字蒙版工具可以创建文字选区，即沿文字边缘创建的选区，如下图所示。

文字蒙版工具与文字工具性质完全不同，使用文字蒙版工具可以创建未填充颜色的以文字为轮廓边缘的选区。用户可以为文字型选区填充渐变颜色或图案，以便制作出更多的文字效果。

4.沿路径绕排文字

沿路径绕排文字的字面理解就是让文字跟随某一条路径的轮廓形状进行排列，有效地将文字和路径结合，在很大程度上扩充了文字带来的视觉效果。选择钢笔工具或形状工具，在属性栏中选择"路径"选项，在图像中绘制路径，如下左图所示。之后使用文本工具，将鼠标指针移至路径上方，当光标变为I形状时，在路径上单击，光标会自动吸附到路径上，即可输入文字。按快捷键Ctrl+Enter确认输入，即得到文字按照路径走向排列的效果，如下右图所示。

1.4.2 "字符"面板

在Photoshop CC中有两个关于文本的面板，一个是"字符"面板，还有一个是"段落"面板，在这两个面板中用户可以设置字体的类型、大小、字距、基线移动以及颜色等属性，让文字更贴近用户想表达的主题，并使整个画面变得更加完整。

单击"字符"按钮▤，即可弹出"字符"面板，如右图所示。在该面板中可以对文字设置更多的选项，例如行间距、竖向缩放、横向缩放、比例间距和字符间距等。

下面介绍"字符"面板中主要选项的功能：

- **"设置行距"** ：用于设置输入文字行与行之间的距离。
- **"字距调整"** ：用于设置文字之间的距离。
- **"比例间距"** ：用于设置文字字符间的比例间距，数值越大则字距越小。
- **"垂直缩放"** ：用于设置文字垂直方向上的缩放大小。
- **"水平缩放"** ：用于设置文字水平方向上的缩放大小。
- **"基线偏移"** ：用于设置文字在默认高度基础上向上（正）或向下（负）偏移。
- **文字效果按钮组** T T̲ TT Tr T¹ T¹ T F：单击相应按钮即可为文字添加一定的特殊效果，包括仿粗体、仿斜体、全部大写字母、小型大写字母、上标、下标、下划线和删除线8种。

1.4.3 "段落"面板

设置段落格式包括设置文字的对齐方式和缩进方式等，不同的段落格式具有不同的文字效果。段落格式的设置主要通过"段落"面板来实现，选择"窗口>段落"命令，打开"段落"面板，在面板中单击相应的按钮或输入数值即可对文字的段落格式进行调整，如右图所示。

"段落"面板中，各主要选项的含义介绍如下：

- **"对齐方式"按钮组**：从左到右依次为"左对齐文本"、"居中对齐文本"、"右对齐文本"、"最后一行左对齐"、"最后一行居中对齐"、"最后一行右对齐"和"全部对齐"。

- **"缩进方式"按钮组**："左缩进"按钮 用于设置段落的左边距离文字区域左边界的距离、"右缩进"按钮 用于设置段落的右边距离文字区域右边界的距离、"首行缩进"按钮 用于设置每一段的第一行留空或超前的距离。
- **"添加空格"按钮组**："段前添加空格"按钮 用于设置当前段落与上一段的距离、"段后添加空格"按钮 用于设置当前段落与下一段落的距离。
- **"避头尾法则设置"选项**：用于将换行集设置为宽松或严格。
- **"间距组合设置"选项**：用于设置内部字符集间距。
- **"连字"复选框**：勾选该复选框可将文字的最后一个英文单词拆开，形成连字符号，而剩余的部分则自动换到下一行。

1.4.4　将文字转换为工作路径

在图像中输入文字后，选择文字图层，单击鼠标右键，从弹出的快捷菜单中选择"创建工作路径"命令或选择"文字>创建工作路径"命令，即可将文字转换为文字形状的路径。

转换为工作路径后，可以使用路径选择工具对文字路径进行移动，调整工作路径的位置。通过快捷键Ctrl+Enter将路径转换为选区，让文字在文字型选区、文字型路径以及文字型形状之间进行相互转换，变换出更多效果，如下图所示。

> **提示** 将文字转换为工作路径后，原文字图层保持不变并可继续进行编辑。

1.4.5　变形文字

变形文字即对文字的水平形状和垂直形状做出调整，让文字效果更多样化。变形文字工具只针对整个文字图层而不能单独针对一个字体或者某些文字。

选择"文字>文字变形"命令或单击工具选项栏中的创建文字变形按钮 ，打开下图的"变形文字"对话框。

其中，"水平"和"垂直"单选按钮，主要用于调整变形文字的方向；"弯曲"选项用于指定对图层应用的变形程度；"水平扭曲"和"垂直扭曲"选项用于对文字应用透视变形。结合"水平"和"垂直"方

向上的控制以及弯曲度的设置，可以为图像中的文字增加许多效果。应用扇形文字样式，调整弯曲、水平扭曲、垂直扭曲的效果如下图所示。

提示 Photoshop CC为用户提供了15种文字的变形样式，分别为扇形、下弧、上弧、拱形、凸起、贝壳、花冠、旗帜、波浪、鱼形、增加、鱼眼、膨胀、挤压和扭转，使用这些样式可以创建多种艺术字体。

1.5 图层的应用

　　图层是Photoshop的核心功能，任何操作都必须通过图层来完成，所有的图像都可以放在不同的图层上进行独立的操作，并且图层与图层之间互不影响。学会图层的操作方法是Photoshop的基本技能。

1.5.1 认识图层

　　图层相当于一张胶片，里面包含文字或图形等元素，一张张按顺序叠放在一起，组合起来形成平面设计的最终效果。Photoshop创作的图像可以想象成是由若干张包含不同部分的图像、不同透明度的纸叠加而成的，每张纸称之为一个"图层"。

　　图层具有以下三个特性：

- **独立性**：图像中的每个图层都是独立的，当移动、调整或删除某个图层时，其他的图层不受任何影响。
- **透明性**：图层可以看作是透明的胶片，未绘制图像的区域可查看下方图层的内容，将众多的图层按一定顺序叠加在一起，便可得到复杂的图像。
- **叠加性**：图层并不是简单的由上至下堆积在一起，而是通过控制各层图层的混合模式和选项之后进行叠加，得到千变万化的图像效果。

　　在Photoshop中，几乎所有应用都是基于图层上的，很多复杂强劲的图像处理功能也是图层所提供的。选择"窗口>图层"命令，打开"图层"面板，如右图所示。

　　在"图层"面板中，各主要选项的含义介绍如下：

- **图层滤镜**：位于"图层"面板的顶部，显示基于名称、种类、效果、模式、属性或颜色标签的图层的子集。使用新的过滤选项可帮助用户快速地在复杂文档中找到关键层。
- **图层的混合模式**：用于选择图层的混合模式。
- **图层整体不透明度** 不透明度：100% ▼：用于设置当前图层的不透明度。
- **图层锁定** 锁定：☒ ✔ ✛ 🔒：用于对图层进行不同的锁定，包括锁定透明像素、锁定图像像素、锁定位置和锁定全部。图层被锁定后，将显示完全锁定图标🔒或部分锁定图标🔒。
- **图层内部不透明度** 填充：100% ▼：可以在当前图层中调整某个区域的不透明度。
- **指示图层可见性** 👁：用于控制图层的显示或隐藏，在隐藏状态下图层不能被编辑。
- **图层缩览图**：即图层图像的缩小图，方便用户确定调整的图层。在缩览图上单击鼠标右键，在弹出的快捷菜单中可以设置缩览图的大小、颜色、像素等。
- 图层名称：用于定义图层的名称，若想要更改图层名称，只需双击要重命名的图层，输入新的名称即可。
- 图层按钮组 ∞ ƒx. ▣ ◉. ◻ ◻ 亩：图层面板底端的7个按钮，分别用于设置链接图层、添加图层样式、添加图层蒙版、创建新的填充或调整图层、创建新组、创建新图层、删除图层，它们是图层操作中常用的命令。

1.5.2 管理图层

对图像进行创作和编辑离不开图层，因此对图层的基本操作必须熟练掌握。在Photoshop CC中，图层的操作包括新建、删除、复制、合并、重命名以及调整叠放顺序等。

1. 新建图层

默认状态下，打开或新建的文件只有背景图层。要新建图层，则选择"图层>新建>图层"命令，弹出"新建图层"对话框，单击"确定"按钮即可，如下图所示。或者在"图层"面板中，单击"创建新图层"按钮◻，即可在当前图层上面新建一个图层，新建的图层会自动成为当前图层。

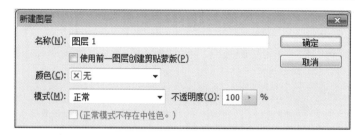

除此之外，还应该掌握其他图层创建的方法：

（1）文字图层

单击文字工具，在图像中单击鼠标，出现闪烁光标后输入文字，按Ctrl+Enter快捷键确认输入，即可创建文字图层。

（2）形状图层

单击自定形状工具，在打开的属性栏中单击"设置带创建的形状"右侧的下拉按钮形状： ▼，从中选择相应的形状，在图像上单击并拖动鼠标，即会自动生成形状图层。

（3）填充或调整图层

单击"图层"面板下方的"创建新的填充或调整图层"按钮◉，在弹出的菜单中选择相应的命令，设置适当的调整参数后，单击"确定"按钮，在"图层"面板中即可出现调整图层或填充图层。

2. 选项、复制与删除图层

在对图像进行编辑之前，要选择相应的图层作为当前工作图层，此时只需将光标移动到"图层"面板上，当其变为形状时单击需要选择的图层即可。或者在图像上单击鼠标右键，在弹出的快捷菜单中选择相应的图层名称，也可选择该图层。

选择需要复制的图层，将其拖动到"创建新图层"按钮上，即可复制出一个副本图层。复制副本图层可以避免因为操作失误造成图像效果的损失。

为了减少图像文件占用的磁盘空间，在编辑图像时，通常会将不再使用的图层删除。具体的操作方法是右击需要删除的图层，在弹出的菜单中选择"删除图层"命令即可。

除此之外，还可以选中要删除的图层，将其拖动到"删除图层"按钮亩上，释放鼠标即可删除，如下图所示。

3. 重命名图层

如果需要修改图层的名称，则在图层名称上双击，图层名称变为蓝色底纹的可编辑状态，如下左图所示，此时输入新的图层名称，按Enter键确认输入，即可重命名该图层，如下右图所示。

4. 调整图层顺序

图像会有不止一个图层，而图层的叠放顺序直接影响着图像的合成结果，因此，常常需要调整图层的叠放顺序，来达到设计的要求。

最常用的方法是在"图层"面板中单击需要调整位置的图层，将其直接拖动到目标位置，出现黑色双线时释放鼠标即可，如下左图所示。或者在"图层"面板上选择要移动的图层，执行"图层>排列"命令，然后从子菜单中选取相应的命令，选定图层被移动到指定的位置上，如下右图所示。

5. 合并图层

一幅图像往往是由许多图层组成的，图层越多，文件越大。当最终确定了图像的内容后，为了缩减文件，可以合并图层。简单来说，合并图层就是将两个或两个以上图层中的图像合并到一个图层上。用户可根据需要对图层进行合并，从而减少图层的数量以便操作。

（1）合并多个图层

当需要合并两个或多个图层时，在"图层"面板中选中要合并的图层，选择"图层>合并图层"命令或单击"图层"面板右上角的三角按钮，在弹出的菜单中选择"合并图层"命令，即可合并图层，如下图所示。

（2）合并可见图层

合并可见图层就是将图层中可见的图层合并到一个图层中，而隐藏的图层则保持不动。选择"图层>合并可见图层"命令或者按Ctrl+Shift+E快捷键，即可合并可见图层。合并后的图层以合并前选择的图层名称命名，如下图所示。

1.5.3 图层样式

为图层添加图层样式是指为图层上的图形添加一些特殊的效果。例如投影、内阴影、内发光、外发光、斜面和浮雕、光泽、颜色叠加、渐变叠加等。下面将详细介绍图层样式的应用。

1. 调整图层不透明度

图层的不透明度直接影响图层上图像的透明效果，对其进行调整可淡化当前图层中的图像，使图像产生虚实结合的透明感。在"图层"面板中的"不透明度"数值框中输入相应的数值，效果如下图所示。"不透明度"数值的取值范围在0~100%之间：当值为100%时，图层完全不透明；当值为0%时，图层完全透明。

提示 在"图层"面板中,"不透明度"和"填充"两个选项都可用于设置图层的不透明度,但其作用范围是有区别的,"填充"只用于设置图层的内部填充颜色,对添加到图层的外部效果(如投影)不起作用。

2. 设置图层混合模式

混合模式的应用非常广泛,在"图层"面板中,可以很方便地设置各图层的混合模式,选择不同的混合模式会得到不同的效果。

默认情况下,图层的混合模式为正常模式。除正常模式外,Photoshop CC还提供了26种混合模式,分别为:溶解、变暗、正片叠底、颜色加深、线性加深、深色、变亮、滤色、颜色减淡、线性减淡(添加)、浅色、叠加、柔光、强光、亮光、线性光、点光、实色混合、差值、排除、减去、划分、色相、饱和度、颜色和明度。在"图层"面板的"混合模式"下拉列表中选择所需选项,即可改变当前图层的混合模式,如下左图所示。

3. 应用图层样式

双击需要添加图层样式的图层,打开"图层样式"对话框,勾选相应的复选框并设置参数以调整效果,单击"确定"按钮即可,如下右图所示。

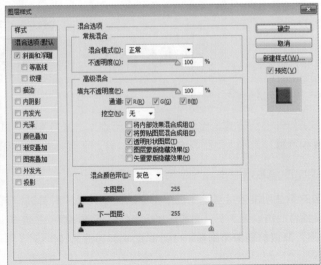

此外，用户还可以单击"图层"面板底部的"添加图层样式"按钮*fx*，从弹出的下拉菜单中选择任意一种样式，打开"图层样式"对话框，勾选相应的复选框并设置参数，若勾选多个复选框，则可同时为图层添加多种样式效果。

下面将对各图层样式的应用进行简单介绍。

- **"投影"样式**：用于模拟物体受光后产生的投影效果，以增加图像的层次感。
- **"内阴影"样式**：是指沿图像边缘向内产生投影效果。"投影"是在图层内容的背后添加阴影；"内阴影"是在图层边缘内添加阴影，使图层呈现内陷的效果。
- **"外发光"样式**：在图像边缘的外部添加发光效果。
- **"内发光"样式**：在图像边缘的内部添加发光效果。
- **"斜面和浮雕"样式**：用于增加图像边缘的明暗度，并增加投影来使图像产生不同的立体感。
- **"光泽"样式**：在图像上填充明暗度不同的颜色，并在颜色边缘部分产生柔化效果，常用于制作光滑的磨面或金属效果。
- **"颜色叠加"样式**：使用一种颜色覆盖在图像表面。为图像添加"颜色叠加"样式就如同使用画笔工具沿图像涂抹上一层颜色，不同的是由"颜色叠加"样式叠加的颜色不会破坏原图像。
- **"渐变叠加"样式**：使用一种渐变颜色覆盖在图像表面。
- **"图案叠加"样式**：使用一种图案覆盖在图像表面。
- **"描边"样式**：使用一种颜色沿图像边缘填充某种颜色。

4. 管理图层样式

应用图层样式后，用户还可以根据实际需要对图层样式进行管理操作，如复制、删除图层样式等。

（1）复制图层样式

如果要重复使用一个已经设置好的样式，可以复制该图层样式应用到其他图层上。选中已添加图层样式的图层，选择"图层>图层样式>拷贝图层样式"命令，复制该图层样式，再选择需要粘贴图层样式的图层，选择"图层>图层样式>粘贴图层样式"命令即可完成复制。

复制图层样式的另一种方法是，选中已添加图层样式的图层，单击鼠标右键，在弹出的快捷菜单中选择"拷贝图层样式"命令，再选择需要粘贴图层样式的图层，单击鼠标右键，在弹出的快捷菜单中选择"粘贴图层样式"命令即可。

（2）删除图层样式

删除图层样式可分为两种形式，一种是删除图层中运用的所有图层样式；另一种是删除图层中运用的部分图层样式。

- **删除图层中运用的所有图层样式**：具体的操作方法是，将要删除的图层中的图层效果图标*fx*拖到"删除图层"按钮🗑上，释放鼠标即可删除图层样式。
- **删除图层中运用的部分图层样式**：具体的操作方法是，展开图层样式，选择要删除的图层样式，将其拖到"删除图层"按钮🗑上，释放鼠标即可删除该图层样式，而其他的图层样式依然保留，如下图所示。

(3) 隐藏图层样式

有时图像中的效果太过复杂，难免会扰乱画面，这时用户可以隐藏图层效果。选择任意图层，执行"图层＞图层样式＞隐藏所有效果"命令，此时该图像文件中所有的图层样式将被隐藏。

单击当前图层中已添加的图层样式前的眼睛图标 👁，即可将当前层图层样式隐藏。此外，还可以单击其中某一种图层样式前的眼睛图标 👁，只隐藏该图层样式，如下图所示。

1.6   通道和蒙版

对图像的编辑实质上是对通道的编辑。通道是真正记录图像信息的地方，无论色彩的改变、选区的增减，还是渐变的产生，都可以追溯到通道中去。通道的编辑包括通道的复制、删除、分离和合并，以及通道的计算和与选区及蒙版的转换等，下面进行详细讲解。

1.6.1   创建通道

一般情况下，在Photoshop中新建的通道是保存选择区域信息的Alpha通道，用以帮助用户更加方便地对图像进行编辑。创建通道分为创建空白通道和创建带选区的通道两种。

1. 创建空白通道

空白通道是指创建的通道属于选区通道，但选区中没有图像等信息。新建通道的方法是：在"通道"面板中单击右上角的 按钮，在弹出的快捷菜单中选择"新建通道"命令（如下左图所示），打开"新建通道"对话框（如下右图所示），在该对话框中设置新通道的名称等参数后，单击"确定"按钮。用户也可以单击"通道"面板底部的"创建新通道"按钮 ，新建一个空白通道。

2. 创建选区通道

选区通道是用来存放选区信息的，用户可以将需要保留的图像创建选区，在"通道"面板中单击"创建新通道"按钮 即可。将选区创建为新通道，可以方便用户在后面的重复操作中快速载入选区。若用户是在背景图层上创建选区后，可直接单击"将选区存储为通道"按钮 ，快速创建带有选区的Alpha

通道。在将选区保存为Alpha通道时，选择区域被保存为白色，非选择区域保存为黑色。如果选择区域具有羽化值，则此类选择区域中被保存为由灰色柔和过渡的通道。

1.6.2 复制和删除通道

如果要对通道中的选区进行编辑，一般都要将该通道的内容复制后再进行编辑，以免编辑后不能还原图像。图像编辑完成后，若存储含有Alpha通道的图像会占用一定的磁盘空间，因此在存储含有Alpha通道的图像前，用户可以删除不需要的Alpha通道。

复制或删除通道的方法非常简单，只需拖动需要复制或删除的通道到"创建新通道"按钮或"删除当前通道"按钮上释放鼠标即可。用户也可以在需要复制和删除的通道上单击鼠标右键，在弹出的快捷菜单中选择"复制通道"或"删除通道"命令来完成相应的操作。复制通道的效果如下图所示。

1.6.3 分离和合并通道

在Photoshop中，用户可以对通道进行分离或者合并操作。分离通道可将一个图像文件中的各个通道以单个独立文件的形式进行存储，而合并通道可以将分离的通道合并在一个图像文件中。

1. 分离通道

分离通道是将通道中的颜色或选区信息分别存放在不同的独立灰度模式的图像中，分离通道后也可对单个通道中的图像进行操作，常用于无须保留通道的文件格式，只保存单个通道信息等情况。

分离通道的方法是：在Photoshop CC中打开一张需要分离通道的图像，在"通道"面板中单击右上角的 按钮，在弹出的快捷菜单中选择"分离通道"命令，此时软件自动将图像分离为三个灰度图像，如下图所示。

2. 合并通道

合并通道是指将分离后的通道图像重新组合成一个新图像文件。通道的合并类似于简单的通道计算，能同时将两幅或多幅图像经过分离后变为单独的通道灰度图像有选择地进行合并。

合并通道的方法是：在分离后的图像中，任选一张灰度图像，单击"通道"面板右上角的▼三按钮，在弹出的快捷菜单中选择"合并通道"命令，打开"合并通道"对话框（如下左图所示），在该对话框中选择所需的模式后单击"确定"按钮，打开"合并多通道"对话框（如下右图所示）。在该对话框中，用户可分别对红色、绿色、蓝色通道进行选择后，单击"确定"按钮，即可按选择的通道进行合并。

1.6.4　蒙版的分类

蒙版又称"遮罩"，是一种特殊的图像处理方式，其作用就像使用一张布，遮盖住处理区域中的一部分，当用户对处理区域内的整个图像进行模糊、上色等操作时，被蒙版遮盖起来的部分不会受到改变。

Photoshop蒙版是将不同灰度色值转化为不同的透明度，并作用到它所在的图层，使图层不同部位透明度产生相应的变化。黑色为完全透明，白色为完全不透明。蒙版分为快速蒙版、矢量蒙版、图层蒙版和剪贴蒙版4类。

1. 快速蒙版

快速蒙版是一种临时性的蒙版，是暂时在图像表面产生一种与保护膜类似的保护装置，常用于帮助用户快速得到精确的选区。当在快速蒙版模式中工作时，"通道"面板中会出现一个临时快速蒙版通道。但是，所有的蒙版编辑是在图像窗口中完成的。

创建快速蒙版的方法是单击工具箱底部的"以快速蒙板模式编辑"按钮◙或者按Q快捷键，进入快速蒙版编辑状态，单击画笔工具，适当调整画笔大小，在图像中需要添加快速蒙版的区域进行涂抹，涂抹后的区域呈半透明红色显示，然后再按Q快捷键退出快速蒙版，从而建立选区，如下图所示。

快速蒙版通过用黑白灰三类颜色画笔来做选区，白色画笔可画出被选择区域，黑色画笔可画出不被选择区域，灰色画笔画出半透明选择区域。

2. 矢量蒙版

矢量蒙版是通过形状控制图像的显示区域，它只能作用于当前图层。其本质为使用路径制作蒙版，遮盖路径覆盖的图像区域，显示无路径覆盖的图像区域。矢量蒙版可以通过形状工具创建，也可以通过路径来创建。

矢量蒙版中创建的形状是矢量图，用户可以使用钢笔工具和形状工具对图形进行编辑修改，从而改变蒙版的遮罩区域，也可以对它进行任意缩放操作。

选择钢笔工具，绘制图像路径后，执行"图层>矢量蒙版>当前路径"命令，此时在图像中可以看到，保留了路径覆盖区域图像，而背景区域则不可见，如下图所示。

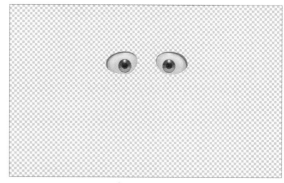

单击自定形状工具 ，在属性栏中选择"形状"模式，设置形状样式，在图像中单击并拖动鼠标绘制形状，即可创建矢量蒙版，如下图所示。

3. 图层蒙版

图层蒙版可以在不破坏图像的情况下反复修改图层的效果，图层蒙版同样依附于图层而存在。图层蒙版大大方便了对图像的编辑，它并不是直接编辑图层中的图像，而是通过使用画笔工具在蒙版上涂抹，控制图层区域的显示或隐藏，常用于制作图像合成。

添加图层蒙版的方法是：首先选择添加蒙版的图层为当前图层，然后单击"图层"面板底端的"添加图层蒙版"按钮 ，设置前景色为黑色，选择画笔工具在图层蒙版上进行绘制即可。下图为在人物图层上新建图层蒙版，然后利用画笔工具擦除多余的背景，而只保留人物部分的效果。

添加图层蒙版的另一种方法是：当图层中有选区时，在"图层"面板上选择该图层，单击面板底部的"添加图层蒙版"按钮，选区内的图像被保留，而选区外的图像将被隐藏。

4. 剪贴蒙版

剪贴蒙版是使用处于下方图层的形状来限制上方图层的显示状态。剪贴蒙版由两部分组成：一部分为基层，即基础层，用于定义显示图像的范围或形状；另一部分为内容层，用于存放将要表现的图像内容。使用剪贴蒙版能够在不影响原图像的同时有效地完成剪贴制作。蒙版中的基底图层名称带下划线，上层图层的缩览图是缩进的。

创建剪贴蒙版有如下两种方法：

一是在"图层"面板中按住Alt键的同时将鼠标移至两个图层间的分隔线上，当其变为 形状时，单击鼠标左键即可，如下左图所示；

二是在"图层"面板中选择要进行剪贴的两个图层中的内容层，按Ctrl+Alt+G快捷键即可，如下右图所示。

在使用剪贴蒙版处理图像时，内容层一定位于基础层的上方，才能对图像进行正确剪贴。创建剪贴蒙版后，再按Ctrl+Alt+G快捷键释放剪贴蒙版。

这里以更换人物服装为例进行介绍，"图层1"为人物裙子的内容图像，即基础层；将图像移动到该图像文件中，生成"图层2"，为内容层；按Ctrl+Alt+G快捷键，即可创建剪贴蒙版，将图像贴入人物裙子中，如下图所示。

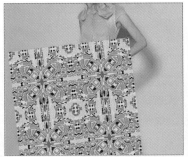

1.7 图像色彩的调整

构成图像的重要元素之一便是色彩，调整图像的色彩后，图像带给人们的视觉感受和风格也会跟随之改变，图像会呈现出全新的面貌。

1.7.1 "色彩平衡"命令

色彩平衡是指调整图像整体色彩平衡，只作用于复合颜色通道，在彩色图像中改变颜色的混合，用于纠正图像中明显的偏色问题。使用"色彩平衡"命令可以在图像原色的基础上根据需要来添加其他颜色，或通过增某种颜色的补色，以减少该颜色的数量，从而改变图像的色调。

选择"图像>调整>色彩平衡"命令或者按Ctrl+B快捷键，弹出"色彩平衡"对话框，然后通过设置参数或拖动滑块来控制图像色彩的平衡，如下图所示。

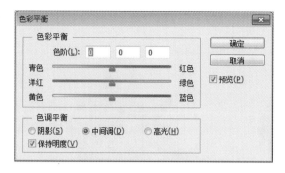

在色彩平衡对话框中，各选项的含义介绍如下：

● **"色彩平衡"选项区域**：在"色阶"数值框中输入数值，即可调整组成图像的6个不同原色的比例，用户也可直接用鼠标拖动数值框下方3个滑块的位置，来调整图像的色彩。

● **"色调平衡"选项区**：用于选择需要进行调整的色彩范围，包括"阴影"、"中间调"和"高光"3个单选按钮，选中某一个单选按钮，就可对相应色调的像素进行调整。勾选"保持明度"复选框时，调整色彩时将保持图像亮度不变。下图为调整色彩平衡前后的对比效果图。

1.7.2 "色相/饱和度"命令

"色相/饱和度"命令主要用于调整图像像素的色相及饱和度，通过对图像的色相、饱和度和亮度进行调整，从而达到改变图像色彩的目的。用户还可以通过为像素定义新的色相和饱和度，实现灰度图像上色的功能，或创作单色调效果。

选择"图像>调整>色相/饱和度"命令或者按Ctrl+U快捷键，打开"色相/饱和度"对话框，如下图所示。

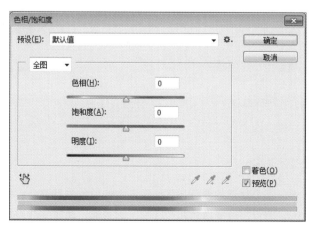

在该对话框中，若选择"全图"选项，可一次调整整幅图像中的所有颜色；若选中"全图"选项之外的选项，则色彩变化只对当前选中的颜色起作用。若勾选"着色"复选框，则通过调整色相和饱和度，能让图像呈现多种富有质感的单色调效果。下图为图像进行"色相/饱和度"调整的对比效果。

1.7.3 "替换颜色"命令

"替换颜色"命令用于对图像中某颜色范围内的图像进行调整，作用是利用其它颜色替换图像中某个区域的颜色，来调整图像色相、饱和度和明度值。简单来说，"替换颜色"命令可以视为结合了"色彩范围"和"色相/饱和度"命令的功能。

选择"图像>调整>替换颜色"命令，打开"替换颜色"对话框，如右图所示。

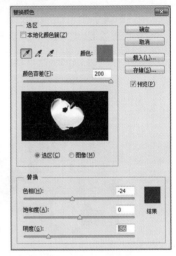

将鼠标移动到图像中需要替换颜色的图像上单击以吸取颜色，并在该对话框中设置颜色容差，在图像栏中出现的为需要替换颜色的选区效果，呈黑白图像显示，白色代表替换区域，黑色代表不需要替换的颜色。设定好需要替换的颜色区域后，在"替换"选项区域中移动三角形滑块对"色相"、"饱和度"和"明度"进行调整替换，同时可以移动"颜色容差"下的滑块进行控制，数值越大，模糊度越高，替换颜色的区域越大，下图为设置替换颜色前后的对比效果。

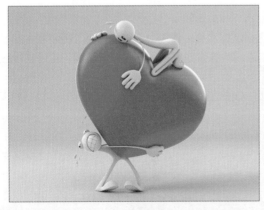 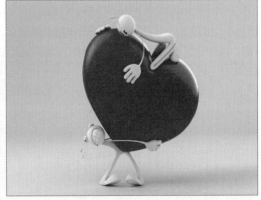

提示 "可选颜色"命令可以校正颜色的平衡，选择某种颜色范围进行针对性的修改，在不影响其他原色的情况下修改图像中的某种原色的数量。

1.7.4 "通道混合器"命令

通道混合器可以将图像中某个通道的颜色与其他通道中的颜色进行混合，使图像产生合成效果，从而达到调整图像色彩的目的。通过对各通道彼此不同程度的替换，图像会产生戏剧性的色彩变换，赋予图像不同的画面效果与风格。

选择"图像>调整>通道混合器"命令，打开"通道混合器"对话框。从中可通过设置参数或拖动滑块来控制图像色彩，如下图所示。

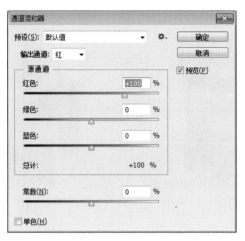

在该对话框中，各选项的含义介绍如下：

● **"输出通道"选项**：在该下拉列表中可以选择对某个通道进行混合。
● **"源通道"选项区域**：拖动滑块可以减少或增加源通道在输出通道中所占的百分比。
● **"常数"选项**：该选项可将一个不透明的通道添加到输出通道，若为负值则为黑通道，正值则为白通道。
● **"单色"复选框**：勾选该复选框则对所有输出通道应用相同的设置，创建该色彩模式下的灰度图，也可继续调整参数让灰度图像呈现不同的质感效果。

1.7.5 "匹配颜色"命令

"匹配颜色"命令实质是在基于相似性的条件下，运用匹配准则搜索线条系数作为同名点进行替换，使用"匹配颜色"命令可以快速修正图像偏色等问题。

选择"图像>调整>匹配颜色"命令，打开"匹配颜色"对话框，进行参数调整后，单击"确定"按钮即可，如下图所示。

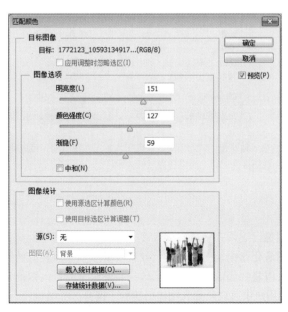

在使用"匹配颜色"命令对图像进行处理时，勾选"中和"复选框可以使颜色匹配的混合效果有所缓和，在最终效果中将保留一部分原先的色调，使其过渡自然，效果逼真。下图为使用匹配颜色命令前后的对比效果。

1.8 滤镜

滤镜也称为"滤波器"，是一种特殊的图像效果处理技术。实际应用中，主要分为软件自带的内置滤镜和外挂滤镜两种。选择"滤镜"菜单后，用户可以看到其中包括多个滤镜组，在滤镜组中又有多个滤镜命令，用户可通过执行一次或多次滤镜命令，为图像添加不一样的效果。

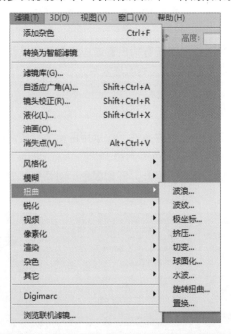

提示 Photoshop CC为用户提供很多种滤镜，其作用范围仅限于当前正在编辑的、可见的图层或图层中的选区，若图像此时没有选区，软件则默认将当前图层上的整个图像视为当前选区。

1.8.1 液化滤镜

液化滤镜的原理是将图像以液体形式进行流动变化，让图像在适当的范围内用其他部分的像素图像替代原来的图像像素。使用液化滤镜能对图像进行收缩、膨胀扭曲以及旋转等变形处理，并可以定义扭曲的范围和强度，同时还可以将我们调整好的变形效果存储起来或载入以前存储的变形效果。一般情况下，液化功能主要用于帮助用户快速对照片人物进行瘦脸、瘦身。

选择"滤镜>液化"命令，打开"液化"对话框。对话框左侧工具箱中包含10种应用工具，下面将具体介绍这些工具的作用。

- **向前变形工具**：该工具可以移动图像中的像素，得到变形后的效果。
- **重建工具**：使用该工具在变形的区域单击或拖动鼠标进行涂抹，可以使变形区域的图像恢复到原始状态。
- **顺时针旋转扭曲工具**：使用该工具在图像中单击或移动鼠标时，图像会被顺时针旋转扭曲；当按住Alt键单击鼠标时，图像则会被逆时针旋转扭曲。
- **褶皱工具**：使用该工具在图像中单击或移动鼠标时，可以使像素向画笔中间区域的中心移动，使图像产生收缩的效果。
- **膨胀工具**：使用该工具在图像中单击或移动鼠标时，可以使像素向画笔中心区域以外的方向移动，使图像产生膨胀的效果。
- **左推工具**：使用该工具可以使图像产生挤压变形的效果。使用该工具垂直向上拖动鼠标时，像素向左移动；向下拖动鼠标时，像素向右移动。当按住Alt键垂直向上拖动鼠标时，像素向右移动；按住Alt键向下拖动鼠标时，像素向左移动。若使用该工具围绕对象顺时针拖动鼠标，可增加其大小；若逆时针拖动鼠标，则减小其大小。
- **冻结蒙版工具**：使用该工具可以在预览窗口绘制出冻结区域，在调整时，冻结区域内的图像不会受到变形工具的影响。
- **解冻蒙版工具**：使用该工具涂抹冻结区域，能够解除该区域的冻结。
- **抓手工具**：放大图像的显示比例后，可使用该工具移动图像，以观察图像的不同区域。
- **缩放工具**：使用该工具在预览区域中单击，可放大图像的显示比例；按下Alt键在该区域中单击，则会缩小图像的显示比例。

下图为使用液化滤镜修饰人物前后的对比效果。

1.8.2 滤镜库

滤镜库是为方便用户快速找到滤镜而诞生的，在滤镜库中有风格化、画笔描边、扭曲、素描、纹理和艺术效果等选项，每个选项中又包含多种滤镜效果，用户可以根据需要自行选择想要的图像效果。

选择"滤镜>滤镜库"命令，打开滤镜库对话框，即可看到滤镜库界面。在该对话框中，用户可以根据需要设置图像的效果。若要同时使用多个滤镜，可以在对话框右下角单击"新建效果图层"按钮，即可新建一个效果图层，从而实现多滤镜的叠加使用。

滤镜库对话框主要由以下几部分组成：
- **预览框**：可预览图像的变化效果，单击底部的 − 或 + 按钮，可缩小或放大预览框中的图像。
- **滤镜面板**：在该区域中显示了风格化、画笔描边、扭曲、素描、纹理和艺术效果6组滤镜，单击每组滤镜前面的三角形图标即可展开该滤镜组，随后便可看到该组中所包含的具体滤镜。
- **按钮**：单击该按钮可隐藏或显示滤镜面板。
- **参数设置区**：在该区域中可设置当前所应用滤镜的各种参数值和选项。

提示 单击选择滤镜效果，滤镜名称会自动出现在滤镜列表中，当前选择的滤镜效果图层呈灰底显示。若需要对图像应用多种滤镜，则单击"新建效果图层"按钮，此时创建的是与当前滤镜相同的效果图层，然后选择其他滤镜效果即可。

1.8.3 其他滤镜组

其他滤镜组指的是除滤镜库和独立滤镜外，Photoshop CC提供的一些较为特殊的滤镜，包括模糊滤镜、锐化滤镜、像素化滤镜、渲染以及杂色滤镜等，用户在使用过程中可针对不同的情况选择使用，让图像焕发不一样的光彩。

CoreIDRAW X8知识准备

本章导读

CorelDRAW是一款应用非常广泛的软件，无论是广告设计、海报设计、插图绘画还是网页制作、界面设计、VI设计等都可以使用这款矢量软件进行制作。并且CorelDRAW的强大绘制功能和简单明了的操作方式，一直深受平面设计师的青睐。

学习目标

① 熟悉操作基本工具
② 深入了解对象的编辑
③ 掌握并学会应用矢量图形特效

案例预览

2.1 初识CorelDRAW X8

　　启动CorelDRAW X8，单击界面左上角"新建文档"按钮，在弹出的面板中单击"确定"按钮，进入其工作界面，打开文件中任意图片进入工作界面。

　　CorelDRAW的操作界面主要包括菜单栏、标准工具箱、属性栏、工具箱、绘图页面、泊坞、调色板以及状态栏等等。

（1）菜单栏

菜单栏控制所有菜单并管理整个界面的状态和图像处理的要素，选择菜单栏上任一菜单，则弹出菜单列表，列表中有的命令包含扩展箭头▶，把光标移至该命令上时，可弹出该命令的子菜单。

（2）标准工具栏

通过使用标准工具栏中的快捷按钮，可简化用户的操作步骤，提高工作效率。

（3）属性栏

属性栏包含了当前用户所使用的工具或所选择对象相关的可使用的功能选项。属性栏的内容根据所选择的工具或对象的不同而不同。

（4）工具箱

工具箱中集合了CorelDRAW的大部分工具。其中每个按钮都代表了一个工具，有些工具按钮的右下角有黑色小三角，表示该工具包含了相关系列的隐藏工具，单击该按钮可弹出一个子工具条，子工具条中的按钮各自代表一个独立的工具。

（5）绘图页面

绘图页面用于图像的编辑，对象产生的变化会自动地反应到绘图窗口中。

（6）泊坞窗

泊坞窗也常被称为"面板"，是编辑对象能应用到的一些功能命令选项设置面板。泊坞窗显示的内容并不固定，执行"窗口>泊坞窗"命令，在子菜单中可选择需要打开的泊坞窗。

（7）调色板

在调色板中以方便为对象设置轮廓或填充颜色。单击▶按钮时可以显示更多的颜色，单击▲或▼按钮，可以上下滚动调色板以查询更多的颜色。

（8）状态栏

状态栏是位于窗口下方的横条，显示了用户所选择对象有关的信息，如对象的轮廓线色、填充色、对象所在的图层等。

2.1.1　创建新文档

在CorelDRAW中进行绘图之前，需要新建一个新的空白文档。执行"文件>新建"命令，弹出"创建新文档"对话框，对相应的属性进行设置，如下左图所示。单击"确定"按钮，即可创建一个空白的新文档，如下右图所示。

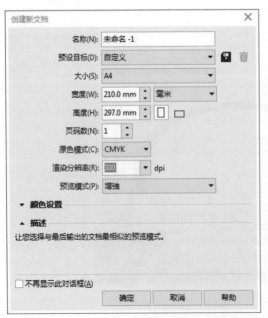

在上述对话框中各参数选项含义如下：

● **名称**：用于设置当前文档的文件名称。
● **预设目标**：在下拉列表中选择内置的预设类型，例如Web、CorelDRAW默认、默认CMYK、默认RGB等。
● **大小**：在下拉列表中选择常用页面尺寸，例如A4、A3等等。
● **宽度/高度**：设置文档的宽度以及高度数值。在"宽度"数值框右侧的下拉列表中，可以进行单位设置，单击"高度"数值框后的两个按钮可以设置页面的方向为横向或纵向 □□。
● **页码数**：设置新建文档包含的页数。
● **原色模式**：在下拉列表中可以选择文档的原色模式，默认的颜色模式会影响一些效果中颜色的混合方式，例如填充、混合和透明。
● **渲染分辨率**：设置在文档中将会出现的栅格化部分（位图部分）的分辨率，例如透明、阴影等。在下拉列表中包含一些常用的分辨率。
● **预览模式**：在下拉列表中可以选择在CorelDRAW中预览到的效果模式。
● **颜色设置**：展开卷展栏后可以进行"RGB预置文件"、"CMYK预置文件"、"灰度预置文件"、"匹配类型"的设置。
● **描述**：展开卷展栏后，将光标移动到某个选项上时，此处会显示该选项的描述。

在CorelDRAW软件中，提供一些模板的应用，通过这些模板可以创建带有通用内容的文档。

执行"文件>从模板新建"命令，弹出"从模板新建"对话框，如下左图所示。选择一种合适的模板，单击"打开"按钮，此时新建的文档中带有模板中的内容，以便于用户在此基础上进行快捷的编辑，如下右图所示。

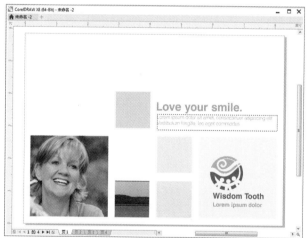

提示 单击标准工具栏中的 ⬚ 按钮，即可打开"创建新文档"对话框。单击 🏠 按钮也可打开"创建新文档"对话框。

2.1.2 保存文档

保存文档是指将文档存储到某个地方以便下次使用。如果不进行保存，那么就无法在关闭文档之后对其再次进行编辑。

选择所要保存的文档，执行"文件>保存"命令（快捷键Ctrl+S），或单击标准工具栏中的"保存"按钮 📄，弹出"保存绘图"对话框，如下左图所示。

在该面板中选择合适的文件存储位置，设置合适的名称、文件格式，然后单击"保存"按钮，即可进行保存，如下右图所示。

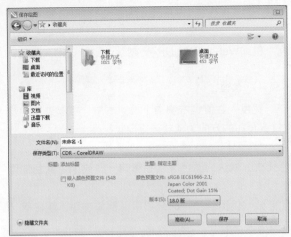
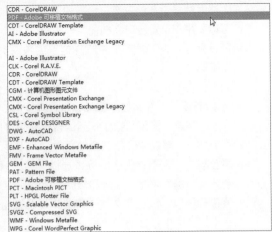

对于已经保存过的文档，执行"文件>另存为"命令（快捷键Ctrl+Shift+S），弹出"保存绘图"对话框，可以重新设置文档位置及名称等信息。

随着软件的不断更新CorelDRAW升级了很多版本，该软件高版本可以打开低版本的文档，但低版本的软件打不开高版本的文件。我们可以在"版本"列表中选择文档存储的软件版本，如右图所示。

2.1.3 导出文档

"导出"命令可以将CorelDRAW文档导出，用于预览、打印输出或其他软件能够打开的文档格式。

执行"文件>导出"命令（快捷键Ctrl+E），或单击标准工具栏中的"导出"按钮，弹出"导出"对话框，设置导出文档的位置，并选择一种合适的类型，然后单击"导出"按钮，如下图所示。

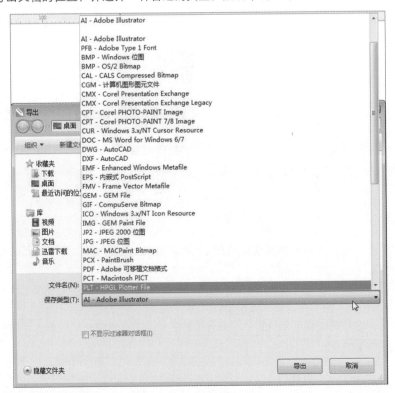

2.2　图形的绘制与填充

　　绘制图形时，通常使用线性绘图工具和几何绘图工具这些比较基础的工具，使用这些工具绘制图形时，要根据具体绘制的图形而选择不同的绘图工具。

2.2.1　绘制直线与曲线

　　工具箱中有一组专用于绘制直线、折线、曲线或由折线、曲线构成的矢量形状的工具，我们称之为"线形绘图工具"。按住工具箱中的手绘工具按钮1-2秒，在弹出的工具组列表中有多种工具，如右图所示。

　　在上述线形绘图工具组中，介绍下面几种常用工具：手绘工具、2点线工具、贝塞尔工具、钢笔工具和B样条工具。

1. 选择工具

　　在编辑对象之前需要先选中该对象，在CorelDRAW中提供了两种选择工具，分别是选择工具和手绘选择工具，如下左图所示。

　　选择工具箱中的选择工具，将光标移动至需要选择的对象上方，单击鼠标左键即可将其选中，此时选中的对象周围会出现八个黑色正方形控制点，如下右图所示。

> **提示** 对象四周的控制点可以用于调整对象的缩放比例，若双击图形，则出现箭头可以旋转图形。

2. 手绘工具

　　手绘工具可以用于绘制随意的曲线，直线以及折线。选择手绘工具并定位起点当光标变为时，按住Ctrl键并拖动鼠标，可以绘制出15度增减的直线，如下右图所示。执行"工具>选项"命令，弹出"选项"对话框，选择"工具区>编辑"选项，对"限制角度"进行设置，如下右图所示。

3. 2点线工具

2点线工具  可以绘制任意角度的直线段、垂直于图形的垂直线以及与图形相切的切线段。

单击工具箱中线形绘图工具组中的2点线按钮 ，在属性栏可以看到这三种模式，单击即可进行切换，如下图所示。

2点线工具属性栏中各选项功能介绍如下：

- **2点线工具** ：连接起点和终点绘制一条直线，如下左图所示。
- **垂直2点线工具** ：绘制一条与现有的线条或对象垂直的2点线，如下中图所示。
- **相切的两点线** ：绘制一条与现有的线条或对象相切的2点线，如下右图所示。

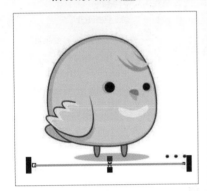  

4. 贝塞尔

贝塞尔工具 是创建复杂而精确图形的最常用工具之一，它可以绘制包含折线、曲线各种各样复杂矢量形状。

5. 钢笔工具

钢笔工具 是一款功能强大的绘图工具，使用钢笔工具配合形状工具可以制作出复杂而精准的矢量图形。

单击工具箱中线形绘图工具组中的钢笔工具按钮，在属性栏中显示钢笔工具的属性，如下图所示。

钢笔工具属性栏中各选项功能介绍如下：

- **预览模式** ：画线段时对其进行效果预览。
- **自动添加或删除节点** ：单击线段上的节点可添加节点，选中节点可删除节点。
- **轮廓宽度** ：设置绘制对象的轮廓宽度。
- **闭合路径** ：结合会分离路径的曲线节点。

6. B样条工具

B样条工具 可以通过调整控制点的方式绘制曲线路径，控制点和控制点之间形成的夹角度数会影响曲线的弧度。

选择工具箱中线性绘图工具组中的B样条工具，单击鼠标左键创建控制点，多次移动鼠标创建多个控制点。每三个控制点之间会呈现出弧度，按下Enetr键结束绘制，如下左图所示。调整弧度形态时，选择形状工具，调整控制点位置即可，如下右图所示。

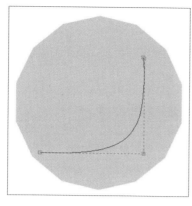
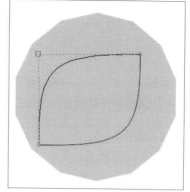

2.2.2 调整矢量图形

形状工具用来调整矢量图形外形的工具，它是通过调整节点的位置、尖突或平滑、断开或连接以及对称使图形发生相应的变化。

单击工具箱中的形状工具按钮，可以看到属性栏中包含很多按钮，通过这些按钮可以对节点进行添加、删除、转换等操作，如下图所示。

- **连接两个节点**：选中两个未封闭的节点，如下左图所示。单击属性栏中连接两个节点工具按钮，两个节点自动向两点中间的位置移动并进行闭合，如下右图所示。

- **断开节点**：选择路径上的一个闭合的点，如下左图所示。单击属性栏中断开节点工具按钮使路径断开，该节点变为两个重合的节点，如下右图所示。

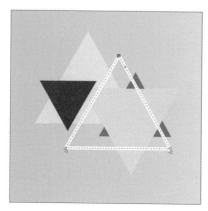

- **转换为线条**✓：将曲线转换为直线。
- **转换为曲线**✓：将直线转换为曲线。
- **节点类型**：选中路径上的节点，单击此按钮即可切换节点类型，节点类型包括为尖突节点，为平滑节点，为对称节点。
- **反转方向**✓：反转开始节点和结束节点的位置。
- **提取子路径**✓：从对象中提取所选的子路径来创建两个独立对象。
- **延长曲线使之闭合**✓：当绘制了未闭合的曲线图形时，可以选中曲线上未闭合的两个节点，如下左图所示。选择属性栏中的延长曲线使之闭合工具，即可使曲线闭合，如下右图所示。

 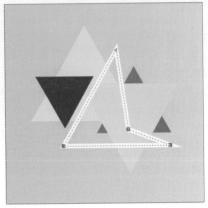

- **闭合曲线**✓：选择未闭合的曲线，如下左图所示。单击属性栏中的闭合曲线按钮能够快速在未闭合曲线上的起点和终点之间生成一段路径，使曲线闭合，如下右图所示。

- **延展与缩放节点**✓：对选中的节点和之间的路径进行比例缩放。
- **旋转与倾斜节点**✓：通过旋转倾斜节点调整曲线段的形态。
- **对齐节点**✓：选择多个节点时，单击该按钮，在弹出的窗口中设置节点水平、垂直的对齐方式。
- **水平/垂直反射节点**✓：编辑对象中水平/垂直镜像的相应节点。
- **选中所有节点**✓：单击该按钮，快速选中该路径的所有节点。
- **减少节点**✓：自动删除选定内容中的节点来提高曲线的平滑度。
- **曲线平滑度**✓：通过更改节点数量调整曲线的平滑程度。

2.2.3　几何绘图工具

图形的绘制都是由简单的基本图形构成的，而椭圆形、矩形、多边形、曲线以及直线等简单形状就构成基础的CorelDRAW图形绘制。以下介绍的工具分别位于工具箱的三个工具组中，如下图所示。

以下所介绍的工具，使用方法大致相同，操作步骤为：选择相应的工具，然后在属性栏中对其参数进行调整，最后在画面中按住鼠标左键，拖动光标即可创建出相应的图形。绘制完成后，选中绘制的图形还可以在属性栏中进行参数的更改。

> **提示** 在选择某种形状绘制工具时按住Ctrl键，可以绘制"正"的图形，例如：正方形、正圆形；
> 按住Shift键进行绘制能够以起点作为对象的中心点绘制图形；
> 按Shift+Ctrl进行绘制，可以绘制出从中心向外扩展的正图形；图形绘制完成后，选中该图形，在属性栏中仍然可以更改图形的属性。

1. 矩形

矩形工具组中包含矩形□和3点矩形□两种工具，使用这两种工具可以绘制长方形、正方形、圆角矩形、扇形角矩形以及倒菱角矩形，下图为矩形工具设计的作品。

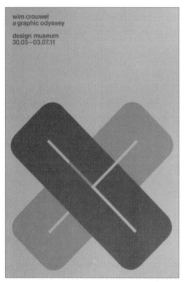

选择工具箱中矩形工具组中的矩形工具□，按鼠标左键在画面中向右下角进行拖曳，释放鼠标即可得到一个矩形，如下左图所示。按住Ctrl键并绘制可以得到一个正方形，如下右图所示。

选择矩形工具绘制矩形后，在属性栏中设置其转角形态，包含圆角、扇形角和倒棱角三种。在属性栏中设置一定的“转角半径”可以改变角的大小，下图为三种不同的转角效果。

提示 当属性栏中的“同时编辑所有角”按钮处于启用状态时，四个角的参数处于同时调整状态。如果单击该按钮使之处于禁用状态时，可分开调整四个角的参数。

2. 3点椭圆形工具

椭圆工具组包括两种工具：椭圆形工具和3点椭圆形工具，使用这两种工具可以绘制椭圆形、正圆形、饼形和弧形。选择3点椭圆形工具，在绘图区单击然后向右拖动光标，如下左图所示。继续向下拖动光标，效果如下右图所示。

选择3点椭圆形工具绘制图形，在属性栏中出现相对应的椭圆形、饼形、弧形三种属性，下图为三种不同的效果。

3. 多边形工具

多边形工具可以绘制三个及以上边数的多边形图形。

选择工具箱中形状工具组中的多边形工具，拖动绘制图形，如下左图所示。在属性栏的“点数或边数"数值框  中,输入所需的边数,在绘图区中按住鼠标左键并拖曳,即可绘制出多边形,如下右图所示。

4. 星形工具

星形工具 ☆ 可以绘制不同边数、不同锐度的星形。

选择工具箱中形状工具组中的星形工具,绘制星形图形,如下左图所示。在属性栏中设置合适的点数或边数以及锐度,在绘制区按住左键并拖曳,确定星形的大小后释放鼠标,效果如下右图所示。

- **点数或边数** ☆ 5 ：属性栏中设置星形的"点数或边数",数值越大星形的角越多。
- **锐度** ▲ 53 ：设置星形上每个角的"锐度",数值越大每个角也就越尖。

> **提示** 在CorelDRAW中矢量对象分为两类:
> 使用钢笔、贝塞尔等线形绘图工具绘制的"曲线"对象,使用矩形、椭圆、星形等工具绘制的"形状"对象。
> "曲线"对象是可以直接对节点进行编辑调整的,而"形状"对象不能够直接对节点进行移动等操作。
> 如果想要对"形状"对象的节点进行调整则需要转换为曲线后进行操作。
> 选中"形状"对象,单击属性栏中的"转换为曲线"按钮即可将几何图形转换为曲线。如果转换为曲线的形状就不能够在进行原始形状的特定属性调整。

2.2.4 交互式填充工具

交互式填充工具 ◇ 可以为矢量对象设置纯色、渐变、图案等等多种形式的填充。

选择交互式填充工具,在属性栏中可以看到多种类型的填充方式,如无填充 ⊠、均匀填充 ■、渐变填充 ▤、向量图样填充 ▦、位图图样填充 ▨、双色图样填充 ▥、底纹填充 ▦(位于 ▣ 工具组中)、PostScript填充 ▨(位于 ▣ 工具组中)。

选中矢量对象,选择属性栏中一种填充工具。除均匀填充 ■ 以外的其他方式都可以进行交互式的调整,下左图为渐变填充效果,下右图为位图图样填充的效果。

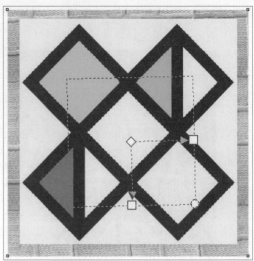

单击向量图样填充█按钮，选择一种合适的图案，对象上就会显示出图案控制杆。通过调整控制点可以对图样的大小、位置、形态等属性进行调整。

选择不同的填充方式，在属性栏中都会有不同的设置选项。其中3项参数选项是任何填充方式都存在的，下图为属性栏中的填充工具。

上述工具属性栏中的选项功能介绍如下：

● **填充挑选器**██：从个人或公共库中选择填充。
● **复制填充**█：将文档中其他对象的填充应用到选定对象。
● **编辑填充**█：单击该按钮弹出"编辑填充"对话框，在该对话框中可以对填充的属性进行编辑。

选中带有填充的对象，如下左图所示。单击工具箱中的交互式填充工具按钮█，在属性栏中单击"无填充"按钮█，即可清除填充图案，如下右图所示。

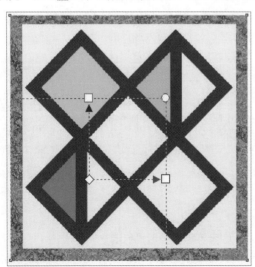

1. 均匀填充

均匀填充就是在封闭图形对象内填充单一的颜色。下图为使用均匀填充制作的优秀设计作品。

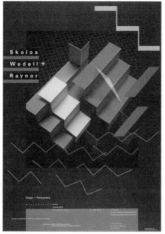

2. 渐变填充

渐变填充是两种或两种以上颜色过渡的效果。在CorelDRAW中提供了线性渐变填充■、椭圆形渐变填充■、圆锥形渐变填充■和矩形渐变填充■四种不同的渐变填充效果。下图的设计作品背景都是采用了渐变填充的方式进行填充。

单击工具箱中的交互式填充工具按钮◈，选择渐变填充，其属性栏如下图所示。

- **填充挑选器**■·：单击该按钮在下拉窗口中从个人或公共库中选择一种已有的渐变填充。
- **类型**■■■■：渐变的类型分为线性渐变填充■、椭圆形渐变填充■、圆锥形渐变填充■、矩形渐变填充■四种不同的渐变填充效果。
- **节点颜色**■·：选择交互式填充工具填充渐变时，对象上会出现交互式填充控制器，选中控制器上的节点，在属性栏中更改节点颜色。
- **节点透明度**■0%+：设置选中节点的不透明度。
- **节点位置**◇22%+：设置中间节点相对于第一个和最后一个节点的位置。
- **翻转填充**◎：单击该按钮渐变填充颜色的节点将互换。
- **排列**■：设置渐变的排列方式，从列表中选择默认渐变填充■、重复和镜像■和重复■。
- **平滑**■：在渐变填充节点间创建更加平滑的颜色过渡。
- **加速**→.0+：设置渐变填充从一个颜色调和到另一个颜色的速度。

- 自由缩放和倾斜：启用此按钮可以填充不按比例倾斜或延展的渐变。
- 复制填充：将文档中其他对象的填充应用到选定对象。
- 编辑填充：单击该按钮打开"编辑填充"窗口，从而设置填充属性。

3. 向量图样填充

向量填充是将大量重复的图案以拼贴的方式填入到对象中。单击填充挑选器按钮，如下左图所示。效果如下右图所示。

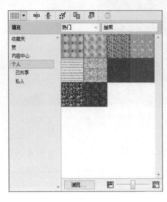

4. 位图图样填充

位图图样填充可以将位图对象作为图样填充在矢量图形中。单击填充挑选器按钮，如下左图所示。效果如下右图所示。

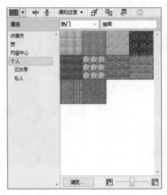

5. 双色图样填充

双色图样填充可以在预设列表中选择一种黑白双色图样，然后通过分别设置前景色区域和背景色区域的颜色来改变图样效果，效果如下图所示。

6. 底纹填充

底纹填充▧是应用预设底纹填充创建各种自然界的中的纹理效果，效果如下图所示。

7. PostScript填充

PostScript填充▨是一种由PostScript语言计算出来的花纹填充，这种填充不但纹路细腻而且占用的空间也不大，适合用于较大面积的花纹设计，效果如下图所示。

2.3 对象的编辑管理

在绘制图形时，难免会使用到大量的文字和图形对象，所以合理的对象管理就显得十分重要。矢量图形之间的变换、运算、多个对象的对齐分布等功能，是编辑管理中主要讲解对象的基本变换和对象的造型。

2.3.1 对象的基本变换

在对图形进行变换之前先要选中该对象，然后才能进行移动、旋转等操作。而且在使用选择工具的状态下就能够完成大部分的变换操作，下图为佳作欣赏。

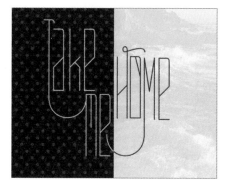

1. 移动对象

使用选择工具 ![icon] 将对象选中，将光标移动到对象中心点 ![icon] 上，按住鼠标左键并拖动，释放鼠标后即可移动对象，如下图所示。

> **提示** 选中对象，按下键盘上的上下左右方向键，可以使对象按预设的微调距离移动。

2. 缩放对象

将光标定位到四角控制点处按住鼠标左键并进行拖动，可以进行等比例缩放，如下图所示。如果按住四边中间位置的控制点并进行拖动，可以单独调整宽度及长度，此时对象的缩放将无法保持等比例。

3. 旋转对象

如果要旋转图形，可以双击该对象，控制点变为弧形双箭头形状 ![icon]，按住某一弧形双箭头并进行移动即可旋转对象，如下图所示。

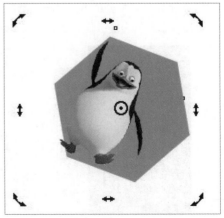

4. 倾斜对象

当对象处于旋转状态下，对象四边处的控制点变为倾斜控制点时，按住鼠标左键并进行拖动，对象将产生一定的倾斜效果，如下图所示。

5. 镜像对象

“镜像”可以将对象进行水平或垂直的对称性操作。选中图形在属性栏中选择水平镜像或者垂直镜像，效果如下图所示。

2.3.2 对象的造型

对象的“造型”功能可以理解为将多个矢量图形进行融合、交叉或改造，从而形成新的对象，这个过程也被称之为“运算”。

在CorelDRAW中很多图形都是一些基础图形经过造型而得来，有合并、修剪、相交、简化、移除后面对象、移除前面对象，和边界7种造型方式。下图为使用对象造型设计的作品。

对象的造型有两种方式，一种是通过单击属性栏中的按钮进行造型，另一种是打开"造型"泊坞窗进行造型。

选择两个图形，在属性栏中即可出现造型命令的按钮，例如：单击相交按钮⬜即可进行相应的造型，如下图所示。

选择两个图形，执行"窗口>泊坞窗>造型"命令，弹出"造型"泊坞窗。在列表中选择一种合适的造型类型，例如选择"焊接"造型，然后单击"焊接到"按钮，如下左图所示。接着将光标移动到图形上方单击鼠标左键，即可进行造型，如下右图所示。

1. 合并

合并⬜将两个或多个对象结合在一起成为一个独立对象，在"造型"泊坞窗中称为"焊接"。

选择需要合并的对象，如下左图所示。单击属性栏中的"合并"按钮，此时多个对象被合并为一个对象，如下右图所示。

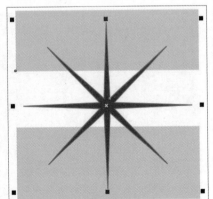 

2. 修剪

修剪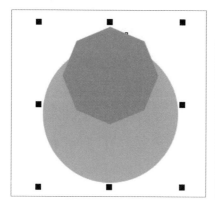选择一个对象的形状剪切另一个对象形状的一个部分，修剪完成后，目标对象保留其填充和轮廓属性。

选择需要修剪的两个对象，如下左图所示。单击属性栏中的"修剪"按钮，移走顶部对象后，可以看到重叠区域被删除了，如下右图所示。

3. 相交

相交可以将对象的重叠区域创建为一个新的独立对象。

选择两个对象，如下左图所示。单击属性栏中的"相交"按钮，两个图形相交的区域进行保留，移动图像后可看见相交后的效果，如下右图所示。

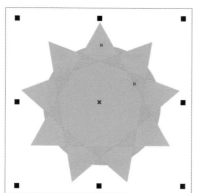
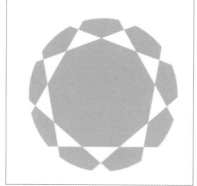

4. 简化

简化可以去除相交对象之间重叠的区域。选择两个对象，如下左图所示。单击属性栏中的"简化"按钮，移动图像后可看见相交后的效果，如下右图所示。

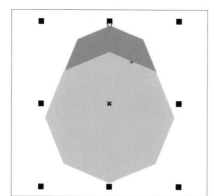
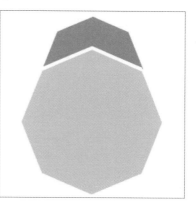

5. 移除后面对象

移除后面对象 利用下层对象的形状,减去上层对象中的部分。选择两个重叠对象,如下左图所示。单击属性栏中的"移除后面对象"按钮,此时下层对象消失了,同时上层对象中下层对象形状范围内的部分也被删除了,如下右图所示。

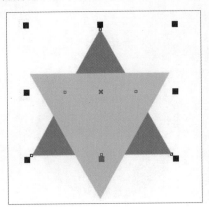 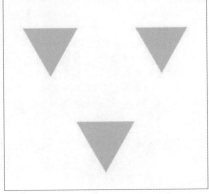

6. 移除前面对象

移除前面对象 可以利用上层对象的形状,减去下层对象中的部分。选择两个重叠对象,如下左图所示。单击属性栏中的"移除前面对象"按钮,此时上层对象消失了,同时下层对象中上层对象形状范围内的部分也被删除了,如下右图所示。

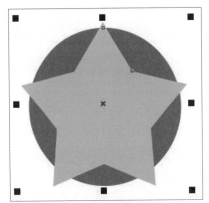 

7. 边界

边界 能够以一个或多个对象的整体外形创建矢量对象。选择多个对象,如下左图所示。单击属性栏中的"边界"按钮,可以看到图像周围出现与对象外轮廓形状相同的图形,如下右图所示。

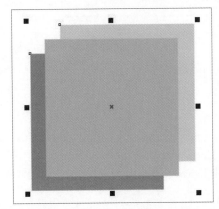 

2.4 文本的应用

在CorelDRAW中有着强大的文字处理功能，不仅可以创建多种不同形式的文字，还可以通过参数的设置制作出丰富的效果。对于文本的使用主要是以绘制文本、创建段落文本以及对于路径文本和区域文本的创建和应用。

2.4.1 认识文本

在CorelDRAW中，文本分为"美术字"和"段落文字"两种类型。当需要键入少量文字时可以使用"美术字"，当对大段文字排版时需要使用"段落文字"，除此之外，还包括"路径文本"和"区域文字"。下图为使用"文本工具"的设计作品。

在键入文字之前需要选择工具箱中的文本工具，随即在属性栏中显示其相关属性参数。在属性栏中可以对文本的一些最基本的属性进行设置，例如设置字体、字号、样式、对齐方式等属性，如下左图所示。

- **字体列表**：在"字体列表"下拉列表中选择一种字体，即可为新文本或所选文本设置字样。
- **字体大小**：在下拉列表中选择字号或输入数值，为新文本或所选文本设置一种指定字体大小。
- **粗体/斜体/下划线**：单击"粗体"按钮可以将文本设为粗体。单击"斜体"按钮可以将文本设为斜体。单击"下划线"按钮可以为文字添加下划线。
- **文本对齐**：单击"文本对齐"按钮，可以在弹出列表中无、左、居中、右、全部调整以及强制调整中选择一种对齐方式，使文本做相应的对齐设置，如下右图所示。

- **符号项目列表**：添加或移除项目符号列表格式。
- **首字下沉**：首字下沉是指段落文字的第一个字母尺寸变大并且位置下移至段落中。单击该按钮即可为段落文字添加或去除首字下沉。

- **文本属性**🖼：单击该按钮即可弹出"文本属性"泊坞窗，在其中可以对文字的各个属性进行调整，如下图所示。

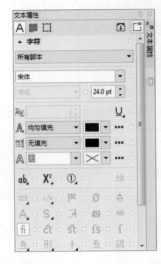 

- **编辑文本**🖼：选择需要设置的文字，单击文本工具属性栏中的"编辑文本"按钮，可以在打开的"文本编辑器"面板中修改文本以及字体、字号和颜色。
- **文本方向**🖼：选择文字对象，单击文字属性栏中的将文本改为水平方向按钮🖼或将文本改为垂直反方向按钮🖼，可以将文字转换为水平或垂直方向。
- **交互式OpenType**🖼：OpenType功能可用于选定文本时，在屏幕上显示指示。

2.4.2 创建文本

创建文本是文本处理的最基本操作，如果在绘图区单击文本工具直接输入文字则为美术字，操作比较简单，本小节主要介绍"段落文本"、"路径文本"和"区域文字"的创建。

1. 创建段落文本

对于大量文字的编排，可以通过创建段落文本的方式进行编排。选择工具箱中的文本工具，在绘图区按住鼠标左键并从左上角向右下角进行拖曳，创建出文本框，如下左图所示。

文本框创建完成后，在文本框中键入文字即可，这段文字被称之为"段落文本"。文本框的作用是在输入文字后，段落文本会根据文本框的大小、长宽自动换行，当调整文本框架的长宽时，文字的排版也会发生变化，效果如下右图所示。

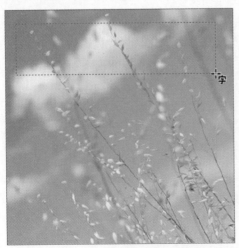 

2. 创建路径文本

路径文本可以使文字沿着路径进行排列，当改变路径的形态后文本的排列方式也会发生变化，下图为使用路径文本制作的设计作品。

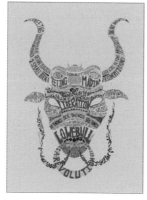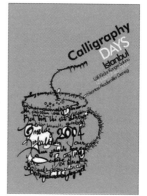

当处于路径文字的输入状态时，在文本工具的属性栏中可以进行文本方向、距离、偏移等参数的设置，如下图所示。

- **文本方向** ：指定文字的总体朝向，包含五种效果。
- **与路径的距离** ：设置文本与路径的距离。
- **偏移** ：设置文字在路径上的位置，当数值为正值时文字越靠近路径的起始点；当数值为负值时文字越靠近路径的终点。
- **水平镜像文本** ：从左向右翻转文本字符。
- **垂直镜像文本** ：从上向下翻转文本字符。
- **贴齐标记** ：指定贴齐文本到路径的间距增量。

3. 创建区域文字

区域文字是指在封闭的图形内创建的文本，区域文本的外轮廓呈现出封闭图形的形态，所以通过创建区域文字可以在不规则的范围内排列大量的文字。下图为使用"区域文字"的设计作品。

绘制一个封闭的图形，选择这个封闭的图形。选择文本工具，将光标移动至封闭路径内并单击鼠标左键，此时光标变为形状，如下左图所示。开始输入文字，随着文字的输入可以发现文本出现在于封闭路径内，如下右图所示。

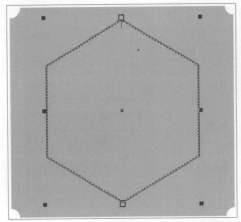 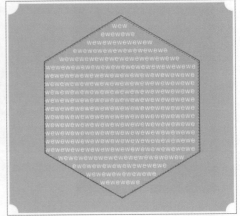

提示 执行"排列>拆分路径内的段落文本"命令，或按Ctrl+K快捷键，可以将路径内的文本和路径进行分离。

2.5 矢量图形特效

在CorelDRAW中不仅具有强大的矢量图形的绘制功能，还可以为矢量图形添加阴影、轮廓图、调和、变形、立体化、透明度等特殊效果。而且其中部分特殊效果还可以应用于位图对象，在CorelDRAW中，主要讲解矢量图形的阴影、轮廓图及透明度效果。

2.5.1 阴影

选择工具箱中的阴影工具可以为矢量图形、文本对象、位图对象和群组对象创建阴影效果。如果要更改阴影的效果，可以在属性栏中进行设置，下图为使用阴影工具的设计作品。

1. 调整阴影效果

为对象添加完阴影后画面中会显示阴影控制杆，通过这个控制杆可以对阴影的位置、颜色等属性进行调整，同时还可以配合属性栏对阴影的其它属性进行设置。

2. 添加阴影

选择一个对象为其添加阴影，然后可以看见阴影控制杆，如下左图所示。在控制杆上有两个节点，白色的为阴影的"起始节点"，黑色的为阴影的"终止节点"。将光标移动到"终止节点"上，当光标变为⊞形状后拖曳鼠标，即可调整阴影位置和方向，效果如下右图所示。

3. 调整阴影透明度

控制杆上的滑块是用来调整阴影的透明度。向"终止节点"处拖曳滑块可以加深阴影，如下左图所示。向"起始节点"处拖曳滑块可以减淡阴影，如下右图所示。

4. 在属性栏中设置阴影效果

为对象添加完阴影后，可以在属性栏中对其效果进行设置，下图为阴影工具的属性栏。

- **阴影角度** ：设置阴影的方向。
- **阴影延展** ：调整阴影边缘的延展长度。
- **阴影淡出** ：调整阴影边缘的淡出程度。
- **阴影的不透明度** ：设置调整阴影的不透明度。
- **阴影羽化** ：调整阴影边缘的锐化和柔化。

- **羽化方向**：向阴影内部、外部或同时向内部和外部柔化阴影边缘。在CorelDRAW中提供了高斯式模糊、向内、中间、向外和平均5种羽化方法。
- **羽化边缘**：设置边缘的羽化类型，在列表中选择线性、方形、反白方形、平面。
- **阴影颜色**：在下拉列表中选择一种颜色，可以直接改变阴影的颜色。
- **透明度操作**：单击属性栏中"透明度操作"下三角按钮，在下拉列表中选择合适的选项来调整颜色混合效果。

2.5.2　轮廓图

轮廓图工具可以为路径、图形、文字等矢量对象创建轮廓向内或向外放射的多层次轮廓效果。下图为使用轮廓图工具设计的作品。

1. 创建轮廓图

创建轮廓图非常简单，选中一个矢量对象，使用轮廓图工具在对象上按住鼠标左键并拖曳即可为对象创建轮廓图效果。

选择一个矢量对象，如下右图所示。选择轮廓图工具，按住鼠标左键并向对象中心或外部拖曳，释放鼠标即可创建由图形边缘向中心/由中心向边缘放射的轮廓效果，如下左图所示。

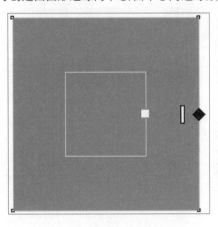
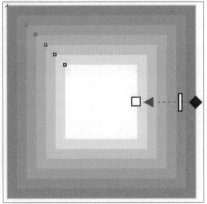

还可以通过"轮廓图"泊坞窗创建轮廓图。选中图形对象，执行"窗口>泊坞窗>效果>轮廓图"命令，弹出"轮廓图"泊坞窗，如下左图所示。接着在泊坞窗中进行参数设置，设置完成后单击"应用"按钮，效果如下右图所示。

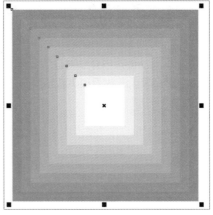

2. 编辑轮廓图效果

选中添加了轮廓图效果的对象，在轮廓图工具属性栏中可以对各参数进行设置，如下图所示。

- **轮廓偏移方向** ：轮廓偏移方向包含三种方式，分别是到中心、内部轮廓和外部轮廓，三种方式的效果如下图所示。

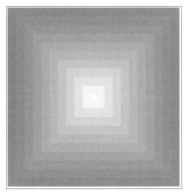
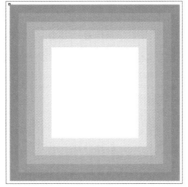

- **轮廓图步长** ：调整对象中轮廓图数量的多少。
- **轮廓图偏移** ：调整对象中轮廓图的间距。
- **轮廓图角** ：设置轮廓图的角类型，下图为不同轮廓图角的效果。

- **轮廓图颜色方向** ：轮廓图颜色方向包含三种方式，分别是线性轮廓色、顺时针轮廓色和逆时针轮廓色。

- **轮廓图对象的颜色属性** 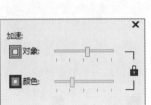：轮廓图的颜色其实是由两部分颜色过渡构成的，原始图形与新出现的轮廓图形。选中轮廓图对象后直接在调色板中更改颜色只能更改原始图形的颜色。而通过轮廓图的属性栏则可以设置轮廓图形的颜色。
- **对象和颜色加速**▣：单击该按钮弹出对应的面板，如下左图所示。在该面板中通过滑块的调整控制轮廓图的偏移距离和颜色，效果如下右图所示。

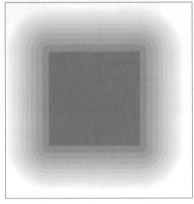

2.5.3 透明度

透明度工具▨可以为矢量图形或位图对象设置半透明的效果。

通过对上层图形透明度的设定，来显示下层图形。首先选中一个对象，选择工具箱中的透明度工具▨，在属性栏中可以选择透明度的类型：均匀透明度▣，渐变透明度▣，向量图样透明度▣，位图图样透明度▣，双色图样透明度▣和底纹填充▣六种。在合并模式列表中 常规 ▾ 可以选择矢量图形与下层对象颜色调和的方式。

1. 均匀透明度

选择一个对象，在工具箱中选择透明度工具▨，在属性栏中单击"均匀透明度"▣按钮，然后在透明度 ▨ 50 ＋ 数值框中输入数值，数值越大对象越透明，如下图所示。

- **透明度挑选器** ▨▾：选择一个预设透明度。
- **全部**▨：设置整个对象的透明度。
- **填充**▣：设置填充部分的透明度。
- **轮廓**▜：只设置轮廓部分的透明度。

2. 渐变透明度

渐变透明度██可以为对象赋予带有渐变感的透明度效果。选中对象，单击属性栏中"渐变透明度"按钮。

在属性栏中包括4种渐变模式：线性渐变透明度██、椭圆形渐变透明度██、锥形渐变透明██和矩形渐变透明度██，默认的渐变模式为线性渐变透明度，如下左图所示。下右图为四种渐变透明度效果。

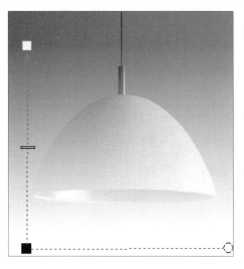

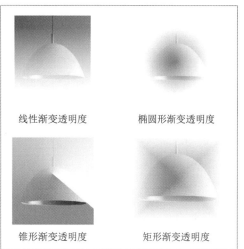

线性渐变透明度　　　椭圆形渐变透明度

锥形渐变透明度　　　矩形渐变透明度

3. 向量图样透明度

向量图样透明度██可以按照图样的黑白关系创建透明效果，图样中黑色的部分为透明，白色部分为不透明，灰色区域按照明度产生透明效果。

选中图形，选择工具箱中的透明度工具██，单击属性栏中"向量图样透明度"按钮██，继续单击透明度挑选器██▪按钮，在下拉列表中选择合适的图样，单击██按钮即可为当前对象应用图样，此时对象表面按图样的黑白关系产生了透明效果。

通过调整控制杆去调整向量图样大小及位置，拖曳◇即可调整图案位置，拖曳○可调整图样填充的角度，拖曳□可以调整图案的缩放比例，如下图所示。

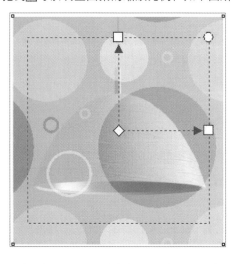

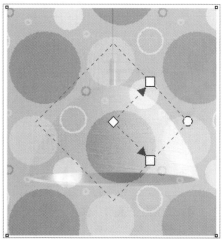

- **前景透明度**：设置图样中白色区域的透明度。
- **背景透明度**：设置图样中黑色区域的透明度。
- **水平镜像平铺**：将图样进行水平方向的对称镜像。
- **垂直镜像平铺**：将图样进行垂直方向的对称镜像。

4. 位图图样透明度

位图图样透明度▣可以利用计算机中的位图图像参与透明度的制作。对象的透明度仍然由位图图像上的黑白关系来控制。通过移动控制杆去调整向量图样大小及位置，设置属性栏中的前景透明度数值 ⊢ 0 ＋，效果如左下图所示。设置背景透明度数值 ◄ 21 ＋，效果如下右图所示。

5. 双色图样透明度

双色图样透明度▣是以所选图样的黑白关系控制对象透明度，黑色区域为透明，白色区域为不透明。选中对象，单击属性栏中的"双色图样透明度"▣按钮，接着单击"透明度挑选器" ▦▾下三角按钮，如下左图所示。在其中选择合适的图样，此时对象会按照图样的黑白关系产生相应的透明效果，调整控制杆改变图样的大小和位置，如下右图所示。

6. 底纹透明度

底纹透明度隐藏在菜单双色图样透明度▣中，双击该按钮即可中找到。单击该按钮然后在"底纹库"列表中选择合适的底纹库，单击"透明度挑选器" ▦▾下三角按钮，在下拉列表中选择一种合适的底纹即可完成设置，如下图所示。

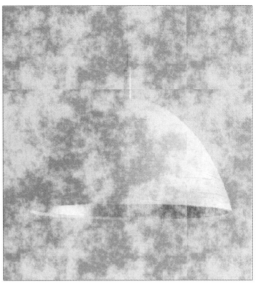

2.6 矢量图形与位图的转换

在CorelDRAW中不仅能够对矢量图形进行编辑，还能够对位图进行一定程度的编辑。通过矢量图形与位图之间的转换，完全可以对所需图形进行编辑。

2.6.1 将矢量图形转换为位图

在CorelDRAW中有一些特定操作只能应用于位图对象，那么此时就需要将矢量图转换为位图。选择一个矢量对象，执行"位图>转换为位图"命令，在弹出"转换为位图"对话框中，进行分辨率和颜色模式的设置，设置完成后，单击"确定"按钮，即可将矢量图形转换为位图对象，如下图所示。

- **分辨率：** 在下拉列表中可以选择一种合适的分辨率，分辨率越高转换为位图后的清晰度越大，文件所占内存也越多。
- **颜色模式：** 在"颜色模式"下拉列表中选择转换的色彩模式。
- **光滑处理：** 勾选"光滑处理"复选框，可以防止在转换成位图后出现锯齿。
- **透明背景：** 勾选"透明背景"复选框，可以转换成位图后保留原对象的通透性。

2.6.2 将位图描摹为矢量图

描摹可以将位图对象转换为矢量对象。在CorelDRAW中有多种描摹方式，而且不同的描摹方式还包含多种不同的效果。下图为优秀的设计作品。

1. 快速描摹

快速描摹可以快速将位图转换为矢量对象。选择一个位图，执行"位图>快速描摹"命令，该命令没有参数可供设置，稍等片刻即可完成描摹操作，效果如下左图所示。

转换为矢量图后，画面由大量的矢量图形组成，单击鼠标右键执行"取消群组"命令，即可对每个矢量图形的节点与路径进行编辑，如下右图所示。

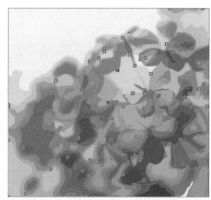

2. 中心线描摹

中心线描摹分为技术图解和线条画两种方式，能够满足用户不同的创作要求。

执行"位图>中心描摹>技术图解"命令，在弹出的PowerTRACE对话框中分别对描摹类型、图像类型等参数进行设置，如下左图所示。完成调整后单击"确定"按钮结束操作，效果如下右图所示。

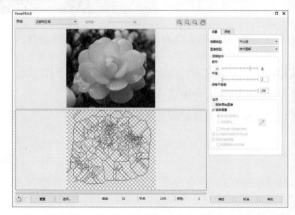

- **描摹类型**：更改描摹方式可以从描摹类型列表中选择一种方式。
- **图像类型**：更改预设样式可以从图像类型列表中选择一种预设样式。
- **细节**：可控制描摹结果中保留的原始细节量。值越大，保留的细节就越多，对象和颜色的数量也就越多；值越小，某些细节就被抛弃，对象数也就越少。
- **平滑**：平滑描摹结果中的曲线及控制节点数。值越大，节点就越少，所产生的曲线与源位图中的线条就越不接近；值越小，节点就越多，产生的描摹结果就越精确。
- **拐角平滑度**：该滑块与平滑滑块一起使用并可以控制拐角的外观。值越小，则保留拐角外观；值越大，则平滑拐角。
- **删除原始图像**：在描摹后保留源位图，需要在选项区域中，取消勾选"删除原始图像"复选框。
- **移除背景**：在描摹结果中放弃或保留背景可以勾选或取消勾选"移除背景"复选框。若想指定要移除的背景颜色，可以启用指定颜色选项，选择滴管工具，单击预览窗口中的一种颜色，指定要移除的其他背景颜色，按住 Shift 键，然后单击预览窗口中的一种颜色，指定的颜色将显示在滴管工具旁边。
- **移除整个图像的颜色**：从整个图像中移除背景颜色（轮廓描摹），需要勾选"移除整个图像的颜色"复选框。
- **移除对象重叠**：保留通过重叠对象隐藏的对象区域（轮廓描摹）需要取消勾选"移除对象重叠"复选框。
- **根据颜色分组对象**：根据颜色分组对象（轮廓描摹），只需勾选"根据颜色分组对象"复选框。

3. 轮廓描摹

轮廓描摹可以将位图快速转换为不同效果的矢量图。

首先选择位图，然后执行"位图>轮廓描摹"命令，在"轮廓描摹"子菜单中包含6个命令，如下左图所示。

执行某一项命令，在弹出的对话框中设置相应的参数，设置完毕后单击"确定"按钮结束操作，6个命令的效果如下右图所示。

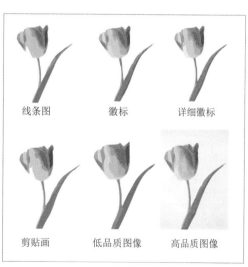

线条图　　　徽标　　　详细徽标

剪贴画　　　低品质图像　　　高品质图像

2.6.3 为位图添加效果的方法

为位图添加效果的方法非常简单，他们的使用方法也基本相同。下面以其中一个效果为例，来讲解为位图添加效果的方法。

选择位图对象，如下左图所示。执行"位图>艺术笔触>单色蜡笔画"命令，随即弹出"单色蜡笔画"对话框，如下右图所示。

对话框左上角的两个按钮用来切换效果图的显示方式。单击 田 按钮，可显示出对象设置前后的对比图像，如下左图所示。单击 口 按钮，只显示预览效果如下右图所示。若单击 回 按钮，可以收起预览图。

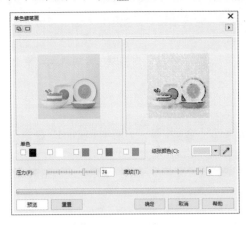

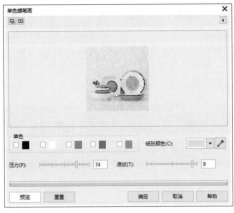

然后通过拖曳滑块或在数值框内输入数值来设置参数，如下左图所示。设置完成后单击"确定"按钮，完成对位图添加效果的操作，如下右图所示。

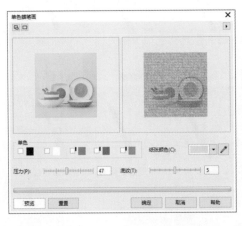

若对设置的参数不满意可以单击 重置 按钮将恢复对象的原数值，以便重新设置其参数。单击 预览 按钮，可以在设置参数的过程中随时观察效果。

提示 对于位图特效功能无法直接对矢量图形进行操作。如果想要为绘制的矢量图形添加特殊效果，可以选中矢量图形，执行"位图>转换为位图"命令，将矢量对象转换为位图对象，之后在进行效果操作。

02 综合案例篇

综合案例篇共包含7章内容，对Photoshop、CorelDRAW的应用热点逐一进行理论分析和案例精讲，在巩固前面所学基础知识的同时，使读者将所学知识应用到日常的工作学习中，真正做到学以致用。

Chapter 03 标志设计

本章导读

标志代表一个公司或者企业的文化意蕴，一个好的标志会提升企业形象，让更多的受众记忆犹新。在企业的视觉战略推广中，标志起着凤头的一个作用。

学习目标

① 在CorelDRAW软件中进行标志图形的绘制
② 在Photoshop软件中进行标志字体的制作

案例预览

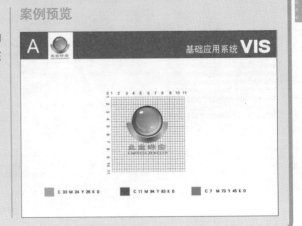

3.1 设计准备

为了更好地完成标志的设计，现对制作要求及设计内容做如下规划：

作品名称	珠宝公司标识设计
作品尺寸	180mm×180mm
设计创意	01 标识的设计以珠宝的形式展现，可以直观地看出标识所具有的代表意义 02 标识色彩的应用以红色为主，体现珠宝的光泽与质感，展现出女性的魅力
主要元素	01 标识图案 02 标准文字
印装要求	单面铜板纸，彩印
应用软件	Photoshop、CorelDRAW
同类作品欣赏	
备注	

3.2　珠宝公司标志设计

标志是现代生活中人们追求生活品质和品牌形象的一个象征，对于公司或者企业来说，它代表着企业的形象和文化。本章将以珠宝标志设计为例，主要用到椭圆工具，渐变工具等一些其他属性的设置，来讲解标志的设计方法和制作技巧。

3.2.1　绘制标志图形

在制作标志的时候，首先要做的准备工作就是绘制网格，网格的制作可以绘制更精确的标志图形，标志的制作过程中还需要相应的辅助线等辅助工具，通过辅助工具的使用绘制出更精致的图形。

步骤 01 打开CorelDRAW软件，按Ctrl+N快捷键，新建一个文件，对其设置相关属性，如下图所示。

步骤 02 单击"确定"按钮，打开画布，效果如下图所示。

步骤 03 选择工具箱中的图纸工具，在属性栏中设置列数和行数，然后在绘图区绘制网格，设置网格的颜色为黑色（C：0%，M：0%，Y：0%，K：100%），宽度为0.2厘米，效果如下图所示。

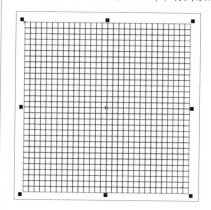

步骤 04 使用工具箱中的两点线工具，在绘图区绘制直线段，单击鼠标左键并按住Shift键，拖动鼠标至合适位置，如下图所示。

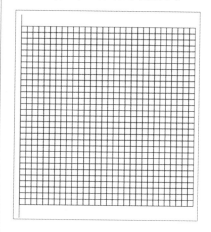

步骤 05 选择绘制的直线段，按快捷键Ctrl+C复制，按快捷键Ctrl+V粘贴，然后将直线段移至合适位置，效果如下图所示。

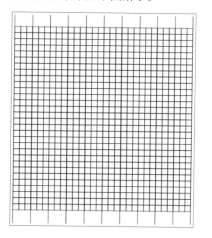

步骤 06 选中所有直线段，按快捷键Ctrl+G将其进行编组，复制直线段，并双击直线段，弹出旋转箭头，如下图所示。

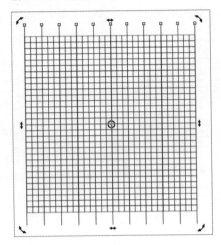

步骤 07 按住Alt键并将直线段旋转至90度，效果如下图所示。

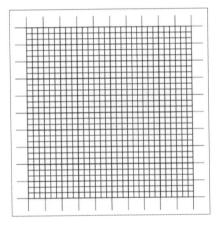

步骤 08 选择文本工具，输入数字0-11，执行"文本>文本属性"命令，弹出"文本属性"对话框，调整字体间距，如下图所示。

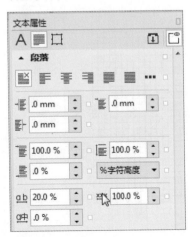

步骤 09 完成文本设置，效果如下图所示。

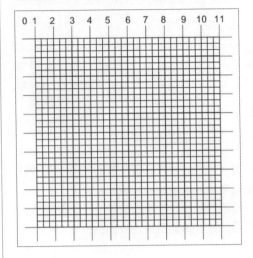

步骤 10 选中字体并按小键盘中的"+"，复制字体，选择菜单栏中文本方向为垂直方向，移动至合适位置，效果如下图所示。

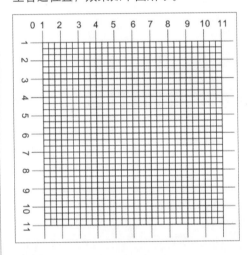

步骤 11 选择工具箱中的椭圆工具，按Ctrl键绘制正圆形，如下图所示。

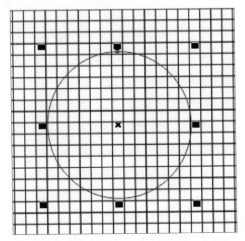

步骤 12 选中正圆形，按下F11功能键，弹出"编辑填充"对话框，如下图所示。

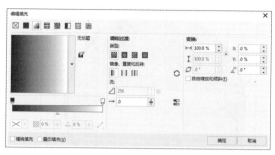

步骤 13 将光标放在渐变区域内，移动光标即可调整渐变方向，调整至合适的位置，单击"确定"按钮，效果如下图所示。

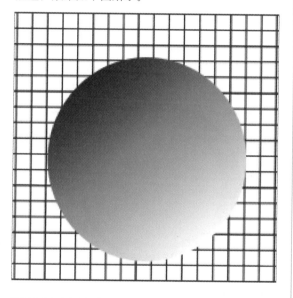

步骤 14 选择渐变图形，按小键盘中的"+"键，复制图形，如下图所示。

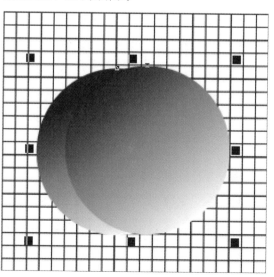

步骤 15 并按F11功能键弹出"编辑填充"对话框，设置渐变参数，如下图所示。

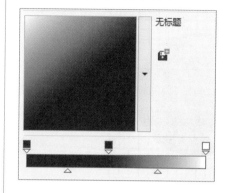

步骤 16 单击"确定"按钮，效果如下图所示。

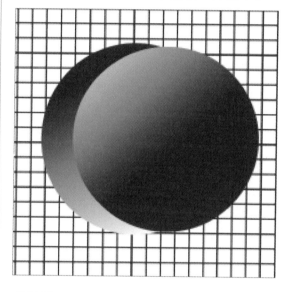

步骤 17 选中渐变图形，执行"窗口>泊坞窗>对齐与分布"命令，弹出"对齐与分布"面板，如下图所示。

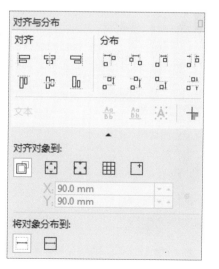

步骤 18 单击"对齐面板"区域中"水平居中对齐"和"垂直居中对齐"按钮，效果如下图所示。

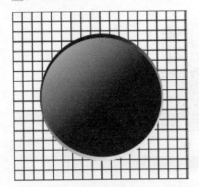

步骤 19 选择一个渐变图形，按小键盘中的"+"键，复制椭圆，按F11功能键，在打开的对话框中移动左侧渐变滑块，调节色板，如下图所示。

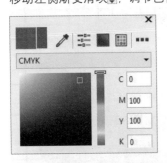

步骤 20 移动右侧渐变滑块，调节色板，如下图所示。

步骤 21 双击两侧滑块，方可添加滑块，调节至合适的渐变色，如下图所示。

步骤 22 单击"确定"按钮，效果如下图所示。

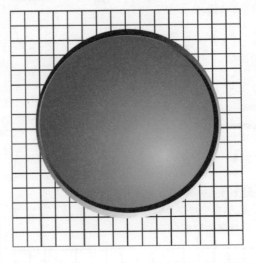

步骤 23 选择椭圆工具，按Ctrl键绘制正圆图形，填充颜色为白色，如下图所示。

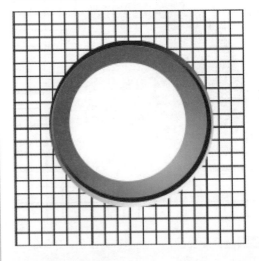

步骤 24 选择透明度工具，在属性栏中，调节透明度为80%，效果如下图所示。

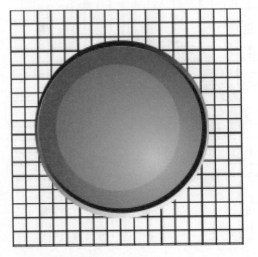

步骤25 选择椭圆工具绘制正圆，填充颜色为白色，选择矩形工具绘制矩形图形，填充颜色为灰色，如下图所示。

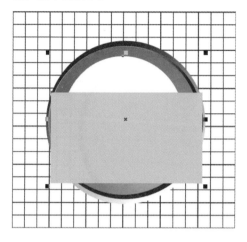

步骤26 选中绘制的图形，执行"对象>造型>移除前面对象"命令，效果如下图所示。

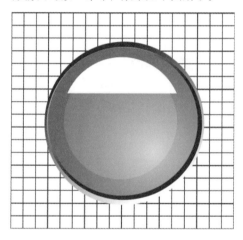

步骤27 选中剪切图形，选择工具箱中透明度工具，并在属性栏中单击"线性渐变透明度"按钮，绘图即会弹出渐变调杆，如下图所示。

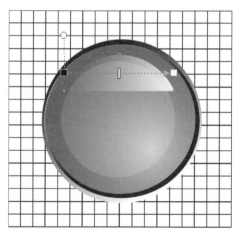

步骤28 拖动渐变调杆中的三角形和黑色方块，可以调节渐变调杆的长度和方向，调至合适的位置，效果如下图所示。

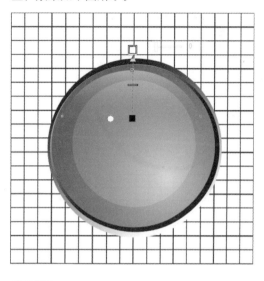

步骤29 选择钢笔工具，绘制下方的反光效果，如下图所示。

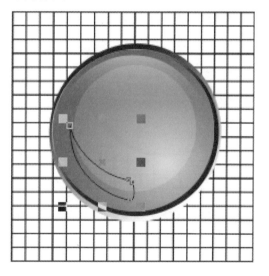

步骤30 单击界面中右下方的"填充工具"按钮，弹出"编辑填充"对话框，单击"均匀填充"按钮，吸取颜色为白色，如下图所示。

步骤 31 单击"确定"按钮,同时设置属性栏中的描边宽度为无,效果如下图所示。

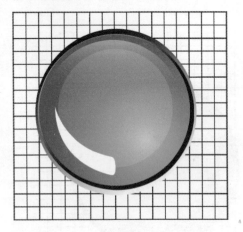

步骤 32 选择透明度工具,在属性栏中单击"均匀透明度"按钮▣,调节透明度为70%,效果如下图所示。

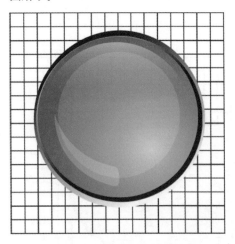

步骤 33 选择反光图形,按小键盘中的"+"键复制图形,在属性栏中启用水平镜像▣功能,效果如下图所示。

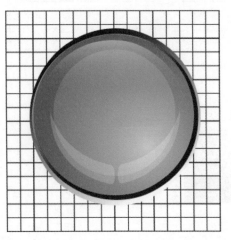

步骤 34 选择工具箱中椭圆工具,绘制正圆图形作为下方高光部分,按小键盘中的"+"键复制绘制的正圆,如下图所示。

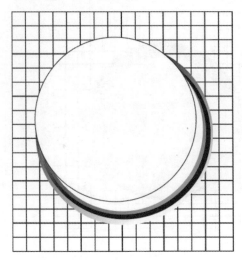

步骤 35 执行"对象>造型>移除前面对象"命令,效果如下图所示。

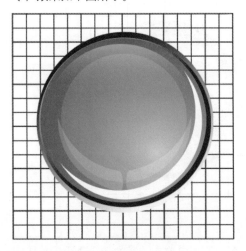

步骤 36 选中编辑的图形,执行"位图>转换为位图"命令,弹出"转换为位图"对话框,设置相关参数,如下图所示。

步骤 37 单击"确定"按钮，执行"位图>模糊>高斯模糊"命令，弹出"高斯式模糊"对话框，如下图所示。

步骤 38 调节像素为13像素，单击"确定"按钮，效果如下图所示。

步骤 39 选择工具箱中矩形工具，绘制高光部分，设置颜色为白色，描边为无，如下图所示。

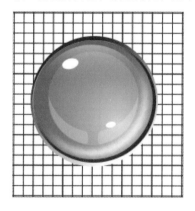

步骤 40 使用椭圆工具绘制椭圆图形，然后再使用矩形工具，绘制矩形图形，如下图所示。

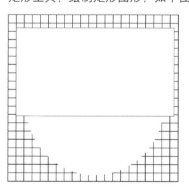

步骤 41 选中圆形和矩形图形，在属性栏中单击"移除前面对象"按钮，效果如下图所示。

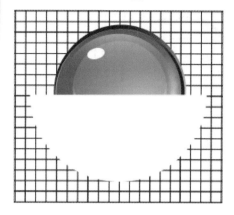

步骤 42 按F11功能键，弹出"编辑填充"对话框，选择类型为椭圆渐变填充，移动左边渐变滑块，设置颜色，如下图所示。

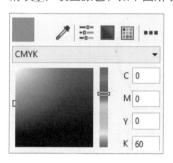

步骤 43 移动右边渐变滑块，设置颜色，如下图所示。

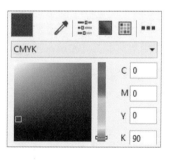

步骤 44 双击渐变条，可添加滑块，并设置颜色，如下图所示。

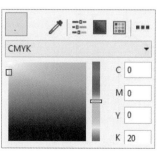

步骤 45 单击"确定"按钮，效果如下图所示。

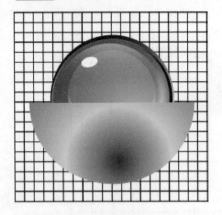

步骤 46 选中半圆图形，按Ctrl+PageDown快捷键，将其移到最低层，如下图所示。

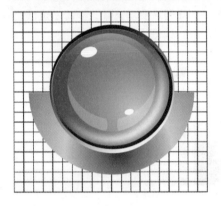

3.2.2 制作标志字体

珠宝公司标志的组成部分是由图形和字体组成，字体和图形的搭配会使整个标志看起来更完整，绘制字体时，主要用到文本工具和填充工具。

步骤 01 打开Photoshop软件，执行"文件>打开"命令，弹出"打开"对话框，打开相应文件，如下图所示。

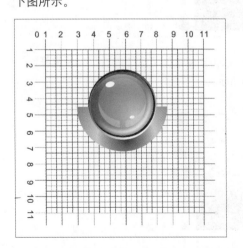

步骤 02 单击面板右下角的"创建新图层"按钮，新建一个图层，使用文字工具，在绘图区输入相应内容，设置字体为"方正祥隶简体"，字号为48号，填充颜色为黄色（C：40%，M：37%，Y：88%，K：0%），如下图所示。

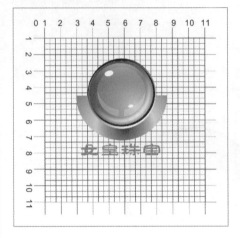

步骤 03 选择文字工具，设置英文字体，字体为Broadway，字号为18号，效果如下图所示。

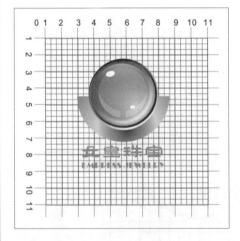

步骤 04 至此，珠宝公司的标志已制作完成，效果如下图所示。

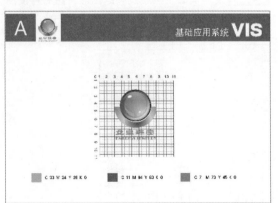

Chapter 04 杂志内页设计

本章导读

杂志书刊一般是大家在空闲的时候看的读物，很多时尚杂志，上面的文字和图片内容的搭配，基本上都是以图片为主，文字为辅，是现代年轻人打发时间较好的书刊。在丰富阅读量的同时，提高读者的审美能力。

学习目标

❶ 在CorelDRAW软件中进行书籍内页的排版
❷ 在Photoshop软件中进行阴影效果的设置

案例预览

4.1 设计准备

为了更好地完成本设计案例，现对制作要求及设计内容做如下规划：

作品名称	杂志内页设计
作品尺寸	A4大小
设计创意	01 结合现代年轻人对生活家居风格的喜爱 02 整体文字与图片的结合简洁、易懂 03 整体排版给人一种轻松、随意的视觉阅读
主要元素	01 家居图片 02 导示图标 03 文字排版
印装要求	铜版纸材质、哑粉纸材质，彩印
应用软件	Photoshop、CorelDRAW
同类作品欣赏	 
备注	

4.2　家居杂志内页设计

杂志内页的设计主要介绍图文的排版设计。图片的处理上使用到剪切工具、钢笔工具等，文字上主要以文本工具加上一些其他的属性设置，本章将讲解如何制作杂志内页。

4.2.1　制作杂志内页排版

杂志内页的排版主要以图为主，文字为辅，使用编辑图形的工具，绘制图形的整体版式，加上文字的搭配，使整个页面看起来有节奏感、形式感。

步骤 01 打开CorelDRAW软件，按组合键Ctrl＋N新建A4大小文件，对相应属性进行设置，如下图所示。

创建新文档

名称(N)：杂志内页设计
预设目标(D)：自定义
大小(S)：A4
宽度(W)：297.0 mm　毫米
高度(H)：210.0 mm
页码数(N)：1
原色模式(C)：CMYK
渲染分辨率(R)：300　dpi
预览模式(P)：增强

▼ 颜色设置
▲ 描述
选择文档的测量单位，如英寸、毫米或像素。

□ 不再显示此对话框(A)

确定　　取消　　帮助

步骤 02 单击"确定"按钮，弹出空白界面，如下图所示。

步骤 03 打开本章素材图像文件，分别导入图片，单击鼠标左键进行拖曳，将图片嵌入绘图区，如下图所示。

步骤 04 使用选择工具，移动并调整图片的位置，如下图所示。

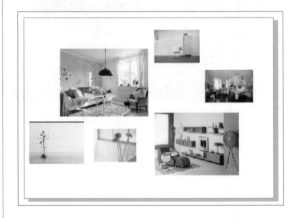

步骤 05 选择刻刀工具，对左下角的植物的图片进行裁剪，如下图所示。

步骤 06 释放鼠标，使用选择工具，选择右侧裁剪的图片，按Delete键将其删除，如下图所示。

步骤 07 使用上述同样方法，对其他需要剪裁的图片进行同样的处理，效果如下图所示。

步骤 08 选择椭圆工具，按住Ctrl键在左上角绘制正圆图形，设置轮廓宽度为5mm，轮廓颜色为橙色（C：0%，M：70%，Y：91%，K：0%），如下图所示。

步骤 09 按小键盘中的"+"键，复制多个轮廓圆，使用移动工具移至大概位置，效果如下图所示。

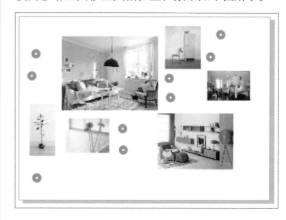

步骤 10 选择2点线工具，单击某一轮廓圆拖曳光标，至需要位置再单击鼠标左键，绘制指示线，设置轮廓线为红色（C：49%，M：91%，Y：100%，K：22%），如下图所示。

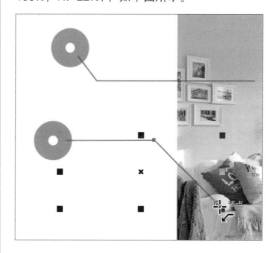

步骤 11 再次选择2点线工具，绘制左下角植物位置的指示线，填充轮廓线颜色为蓝色（C：87%，M：60%，Y：0%，K：0%），效果如下图所示。

步骤 12 使用上述方法，绘制右半边图形的指示线分别设置轮廓线为灰色（C：62%，M：65%，Y：67%，K：13%）、红色（C：49%，M：91%，Y：100%，K：22%）和黄色（C：5%，M：19%，Y：96%，K：0%），如下图所示。

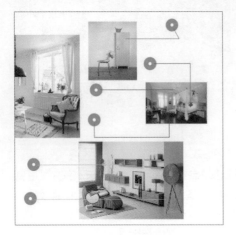

步骤 13 选中所有的轮廓圆图形，按组合键Ctrl＋Page up将其移至最上方，如下图所示。

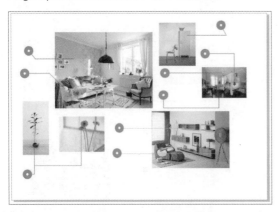

步骤 14 使用椭圆工具，绘制轮廓宽度为0.25mm的圆形图形，设置颜色为相应的指示线段的颜色，效果如下图所示。

步骤 15 再次使用椭圆工具，绘制其他位置的轮廓圆图形，效果如下图所示。

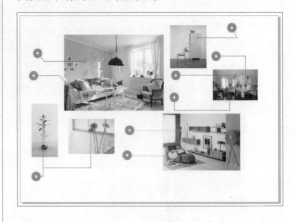

步骤 16 使用钢笔工具，绘制三角图形的同时按Shift键，如下图所示。

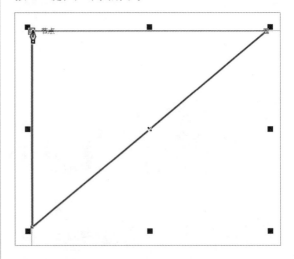

步骤 17 选择填充工具填充颜色为古蓝色（C：89%，M：49%，Y：12%，K：0%），如下图所示。

步骤 18 再次使用钢笔工具，绘制右下角三角图形，效果如下图所示。

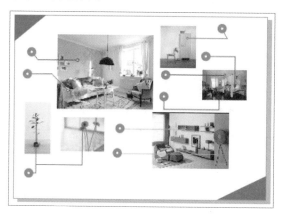

步骤 19 选择文本工具 图，绘制文字标题内容为"家舍"，设置字体为方正艺黑简体，字号为30，颜色为灰色（C：22%，M：22%，Y：22%，K：22%），如下图所示。

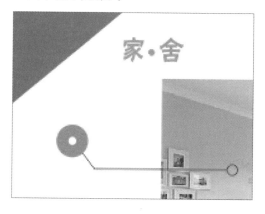

步骤 20 使用矩形工具绘制矩形图形，按F12功能键，弹出"轮廓笔"对话框，设置相关属性，如下图所示。

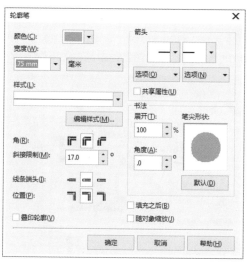

步骤 21 单击"确定"按钮，效果如下图所示。

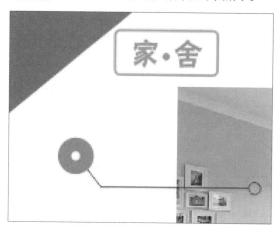

步骤 22 选择文本工具，输入关于标题的文本内容，字体设置为幼圆，字号为18号，颜色为深蓝色（C：100%，M：96%，Y：44%，K：0%），如下图所示。

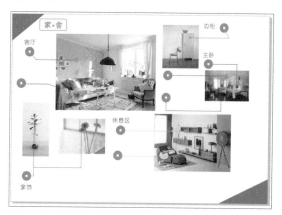

步骤 23 再选择文本工具，绘制相对应的标题文本内容，设置字体为方正美黑简体，字号为12号，颜色为深蓝色（C：100%，M：96%，Y：44%，K：0%），如下图所示。

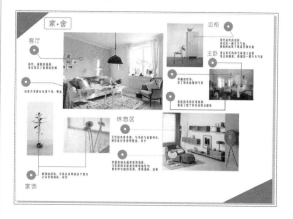

步骤 24 选择部分文本内容，如下图所示。

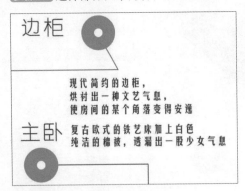

步骤 25 执行"窗口>泊坞窗>文本>文本属性"命令，弹出"文本属性"面板，如下图所示。

步骤 26 设置段落的行间距为110%，效果如下图所示。

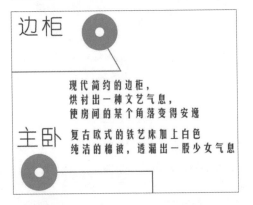

步骤 27 使用上述方法，设置其他文本行间距，效果如下图所示。

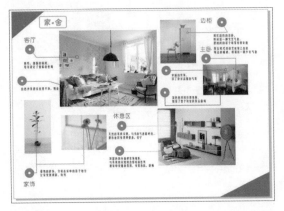

步骤 28 选择文本工具输入页码为20，字体为Arial，字号为16号，颜色为白色，完成杂志内页的排版，按组合键Ctrl+E，保存类型为PSD格式，如下图所示。

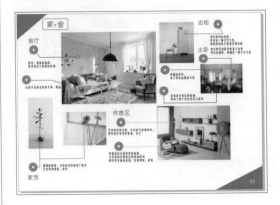

4.2.2 绘制书本的阴影效果

为书本绘制阴影效果，使书看起来有立体感、层次感，主要通过渐变工具的使用绘制投影的虚实，以及图层样式中的阴影效果的应用。

步骤 01 打开Photoshop软件，打开之前保存"杂志内页设计.psd"文件，如下图所示。

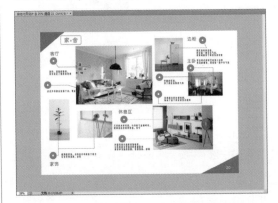

步骤 02 执行"视图>标尺"命令，弹出标尺，从左侧标尺拖曳光标至绘图区的中间，如下图所示。

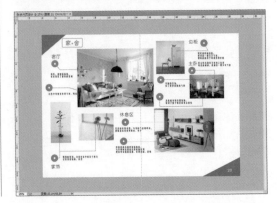

步骤 03 选择矩形选框工具▢，选中参考线右侧的图形，如下图所示。

步骤 04 选择移动工具▸♦，按几下键盘中向右的方向键，然后按组合键Ctrl＋D取消选框，效果如下图所示。

步骤 05 使用同样的方法，移动下方的字体位置，如下图所示。

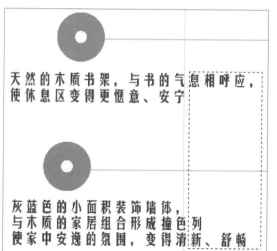

步骤 06 调节完成后，按组合键Ctrl＋D取消选框，效果如下图所示。

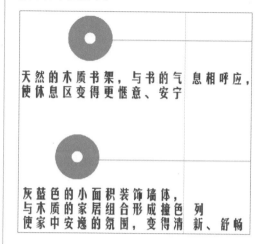

步骤 07 执行"视图>清除参考线"命令，选择矩形选框工具，绘制矩形图形，如下图所示。

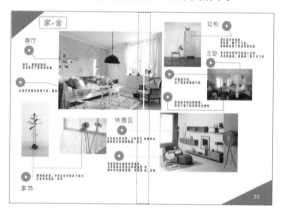

步骤 08 选择渐变工具▣，双击属性栏中的渐变条▣▣，弹出"渐变编辑器"对话框，如下图所示。

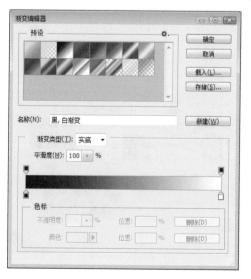

步骤09 移动滑块，调节渐变面板，如下图所示。

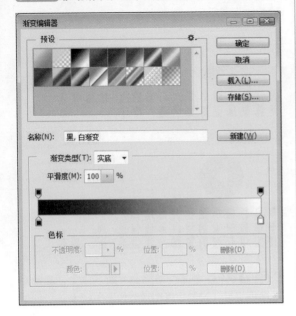

步骤10 执行上述步骤，单击"确定"按钮，效果如下图所示。

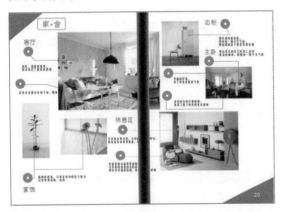

步骤11 选择渐变图形的图层，设置其透明度为8%，效果如下图所示。

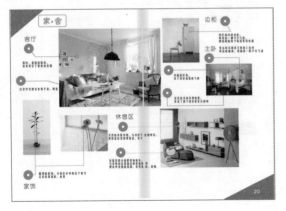

步骤12 执行"滤镜化>模糊>高斯模糊"命令，弹出"高斯模糊"对话框，对其进行设置，如下图所示。

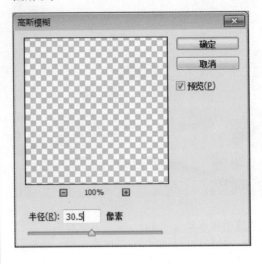

步骤13 执行完成后，单击"确定"按钮，效果如下图所示。

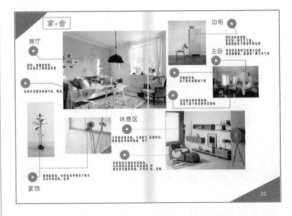

步骤14 选择矩形选框工具，再次绘制矩形图形，填充颜色为为深灰色（C：63%，M：55%，Y：52%，K：1%），如下图所示。

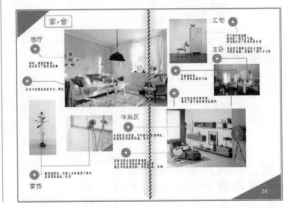

步骤15 选择深灰色矩形的图层，执行"滤镜化>模糊>高斯模糊"命令，弹出"高斯模糊"对话框，对其进行设置，如下图所示。

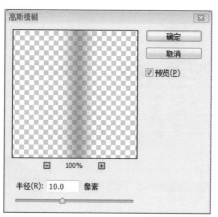

步骤16 单击"确定"按钮，效果如下图所示。

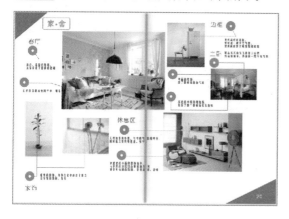

步骤17 完成上述步骤后，设置透明度为35%，效果如下图所示。

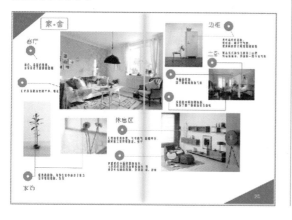

步骤18 选择矩形选框工具，绘制底部矩形图形，如下图所示。

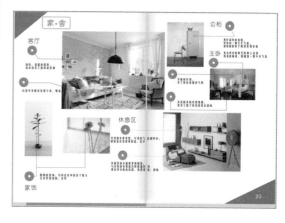

步骤19 按组合键Ctrl+T自由变换，并右击，在菜单中选择"变形"命令，如下图所示。

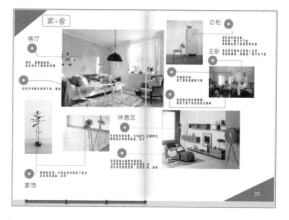

步骤20 拖动变形工具中的锚点或线，将其进行变形，效果如下图所示。

步骤21 执行"滤镜化>模糊>高斯模糊"命令，弹出"高斯模糊"对话框，如下图所示。

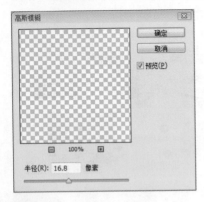

步骤22 对其设置相应像素，勾选"预览"复选框，单击"确定"按钮，效果如下图所示。

步骤23 选择底部阴影效果，按Alt键进行复制，效果如下图所示。

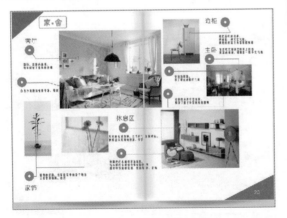

步骤24 设置底部阴影透明度为72%，效果如下图所示。

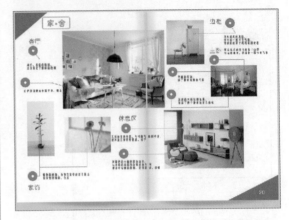

步骤25 最终效果如下图所示。

Chapter **05** 宣传页设计

本章导读

宣传单又称宣传单页，它非常有效地把企业形象提升到一个新的层次，更好地把企业的产品和服务展示给大众，能非常详细说明产品的功能、用途及其优点，诠译企业的文化理念，所以宣传单已经成为企业必不可少的企业形象宣传工具之一。

学习目标

❶ 在Photoshop软件中使用通道进行抠图
❷ 在CorelDRAW软件中制作宣传页的正面与反面

案例预览

5.1 设计准备

为了更好地完成本设计案例，现对制作要求及设计内容做如下规划：

作品名称	防水鞋套宣传页
作品尺寸	210mm×285mm
设计创意	01 选取阴天作为背景，通过对木纹图像搭建空间场景，增强视觉冲击力 02 背面进一步展示产品的细节和模特展示 03 宣传页主体色选用蓝色，与鞋套的白色对比强烈，给人清凉剔透的感觉，与产品本身的半透明效果相呼应，也衬托出产品的时尚感
主要元素	01 鞋套产品图 02 公路 03 坚果、奖杯、木纹 04 鞋模特
印装要求	大16开，铜版纸，彩色双面印
应用软件	Photoshop、CorelDRAW
同类作品欣赏	  
备 注	

5.2　防水鞋套宣传页设计 ⬚⬚⬚

本章要制作防水鞋套宣传页，首先营造阴天氛围，添加木纹作为展示台，突出鞋套的质感，添加文字和规则装饰图形，增强产品的档次，添加坚果图像寓意鞋套的耐磨。最后制作宣传页的背面，添加网格背景并对产品进一步地讲解，优化产品的卖点。

5.2.1　制作宣传页正面

首先在Photoshop CC中对素材的背景进行处理，将处理好的图像拖曳至CorelDRAW X8中进行排版和添加文字。

步骤 01 启动Photoshop CC，打开本章素材"01.jpg"图像文件，如下图所示。

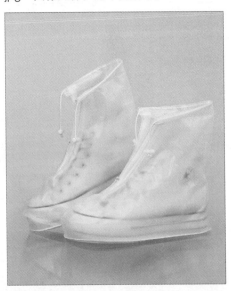

步骤 02 在"通道"面板中选中"红"通道，单击"创建新通道"按钮进行 🔲 复制通道，如下图所示。

步骤 03 执行"图像>调整>色阶"命令，在弹出的"色阶"对话框中进行设置，如下图所示。

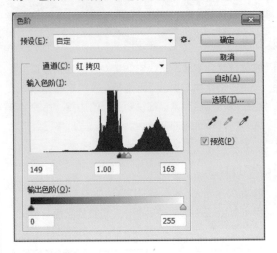

步骤 04 单击"确定"按钮，调整通道图像的颜色，如下图所示。

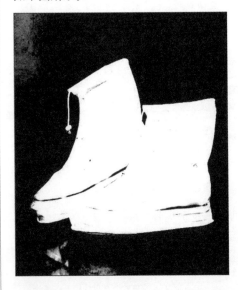

步骤 05 选择画笔工具 ✐，在属性栏中设置画笔大小及样式，如下图所示。

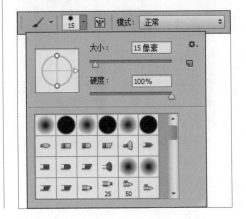

步骤 06 单击工具箱中的 ⬛ 按钮，恢复默认的前景色和背景色，在鞋图像上进行绘制，擦除黑色图像，如下图所示。

步骤 07 单击工具箱中的 ⬛ 按钮，切换前景色和背景色，继续使用画笔工具 ✏ 在黑色背景上进行绘制，擦除白色图像，如下图所示。

步骤 08 单击"通道"面板底部的"将通道作为选区载入"按钮 ⬛，将通道中的白色图像载入选区，如下图所示。

步骤 09 在"通道"面板中单击RGB通道，如下图所示。

步骤 10 返回"图层"面板，使用快捷键Ctrl+J复制选区中的图像至新的图层，如下左图所示。单击"路径"面板底部的"创建新路径"按钮 ⬛，新建"路径 1"，如下右图所示。

步骤 11 使用钢笔工具 ✏ 绘制路径，如下图所示。

步骤 12 单击"路径"面板底部的"将路径作为选区载入"按钮 ⬛，创建选区，如下图所示。

步骤 13 继续选中"背景"图层并使用快捷键Ctrl+J复制图层，如下图所示。

步骤 17 继续在"替换颜色"对话框中进行设置，如下图所示。

步骤 14 选中"图层 1"和"图层 2"，如下左图所示。使用快捷键Ctrl＋Alt＋E复制并合并图层，如下右图所示。

步骤 15 执行"图像>调整>替换颜色"命令，在鞋尖上吸取颜色，如下图所示。

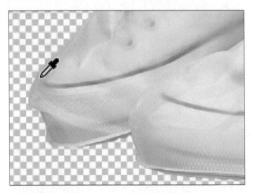

步骤 16 在弹出的"替换颜色"对话框中单击"添加到取样"按钮，吸取鞋帮部位的颜色，如下图所示。

步骤 18 调整后图像的颜色，如下图所示。

步骤 19 删除"图层 1（合并）"图层以外的图层，执行"图像>裁切"命令，在弹出的"裁切"对话框中进行设置，如下图所示。

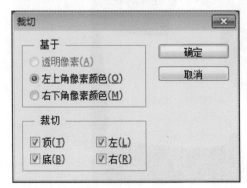

步骤 20 单击"确定"按钮裁切图像，如下图所示。将文件以psd格式保存在桌面上。

步骤 21 启动CorelDRAW X8，执行"文件>新建"命令，打开"创建新文档"对话框，创建空白文档，如下图所示。

步骤 22 执行"布局>页面设置"命令，在弹出的"选项"对话框中进行设置，单击"确定"按钮，创建出血范围，如下图所示。

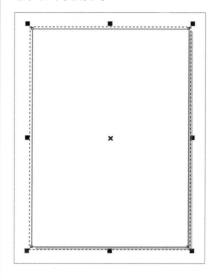

步骤 23 使用矩形工具▢创建与页面大小相同的矩形，如下图所示。

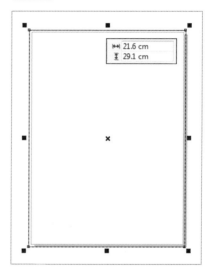

步骤 24 在属性栏中调整矩形的大小，如下图所示。

步骤 25 单击属性栏中的"导入"按钮⬚，导入本章素材"公路.jpg"文件，如下图所示。

步骤 26 单击属性栏中的"锁定比率"按钮█，设置图像的宽度，如下图所示。

步骤 27 配合Shift键加选下方的矩形，单击属性栏中的"对齐与分布"按钮█，如下图所示。

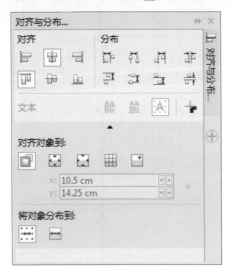

步骤 28 在打开"对齐与分布"面板中进行设置，调整图像的对齐方式，如下图所示。

步骤 29 拉长图像的高度，如下图所示。

步骤 30 继续导入本章素材"木纹.jpg"文件，如下图所示。

步骤 31 在属性栏中设置木纹图像的宽度，如下图所示。

步骤 32 配合Shift键加选下方的矩形，使用快捷键Ctrl+Shift+L调整图像为左对齐，如下图所示。

步骤 33 拉长木纹图像的高度，如下图所示。

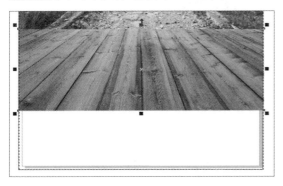

步骤 34 选择透明度工具，单击属性栏中的"渐变透明度"按钮，在木纹图像的上边缘从下至上拖动光标，调整图像的渐变透明效果，如下图所示。

步骤 35 选中下方的矩形，并压缩图像的高度，如下图所示。

步骤 36 单击状态栏中的"填充工具"按钮，在弹出的"编辑填充"对话框中单击"均匀填充"按钮■，并设置图像的填充色，如下图所示。

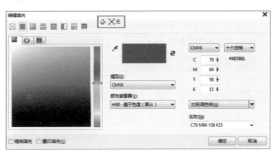

步骤 37 导入之前保存在桌面上的"01.psd"文件，如下图所示。

步骤 38 缩小并调整图像的位置，如下图所示。

步骤 39 使用文本工具，在视图中输入文字信息，在属性栏中调整字体样式及大小，输入的文字效果如下图所示。

步骤 40 使用形状工具，向右稍微拉长文字间距，如下图所示。

步骤 41 选中文字并单击鼠标左键，将光标移至上部中间的变换点，如下图所示。

步骤 42 配合Ctrl键向右倾斜文字，如下图所示。

步骤 43 使用前面介绍的方法，继续创建倾斜文字，如下图所示。

步骤 44 继续创建倾斜文字，如下图所示。

步骤 45 创建倾斜的英文文字，如下图所示。

步骤 46 使用椭圆形工具，配合Ctrl键绘制正圆图形，取消填充色，如下图所示。

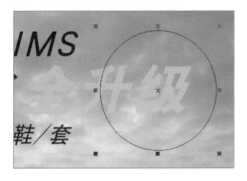

步骤 47 按F12功能键，在弹出的"轮廓笔"对话框中展开颜色调板并单击吸取颜色按钮，如下图所示。

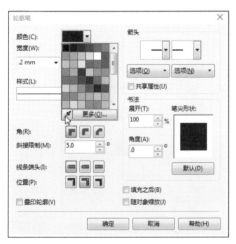

步骤 48 吸取"全升级"字体的颜色，如下图所示。

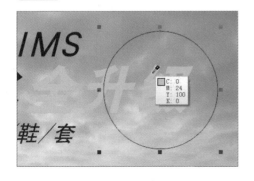

步骤 49 在"轮廓笔"对话框中调整轮廓宽度，单击"确定"按钮，应用轮廓的设置，如下图所示。

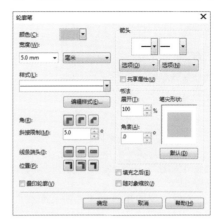

步骤 50 执行"对象>将轮廓转换为对象"命令，将轮廓转换为图形，如下图所示。

步骤 51 使用矩形工具绘制矩形，如下图所示。

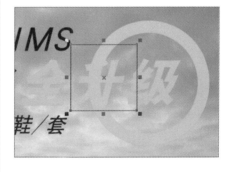

步骤 52 配合Shift键加选环形，如下图所示。

步骤53 单击属性栏中的"修剪"按钮，修剪环形，效果如下图所示。

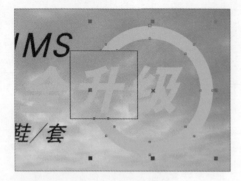

步骤54 删除上一步创建的矩形，选择箭头形状工具并在属性栏中选择箭头形状，如下图所示。

步骤55 配合Ctrl键在视图中绘制图形。移动红色节点的位置，调整箭头的形状，如下图所示。

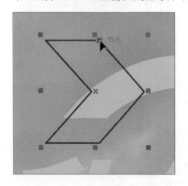

步骤56 选中并单击箭头形状，旋转图形，如下图所示。

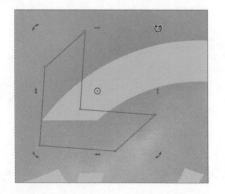

步骤57 使用右键选中并移动环形的位置至箭头图形上，如下图所示。

步骤58 松开鼠标右键，在弹出的菜单中选择"复制所有属性"命令调整箭头图形，如下图所示。

步骤59 效果如下图所示。

步骤60 导入本章素材"坚果.jpg"文件，如下图所示。

步骤 61 单击属性栏中的"位图颜色遮罩"按钮，在弹出的"位图颜色遮罩"面板中单击"颜色选择"按钮，吸取白色背景，如下图所示。

步骤 62 单击"应用"按钮，隐藏背景，如下图所示。

步骤 63 缩小并移动坚果图像的位置，如下图所示。

步骤 64 选择阴影工具，添加阴影效果，如下图所示。

步骤 65 使用多边形工具，配合Ctrl键绘制正六边形，设置填充为蓝色，并取消轮廓色。

步骤 66 使用"+"键复制上一步创建的图形，配合Shift键中心缩小图形，设置描边为白色并取消填充色，如下图所示。

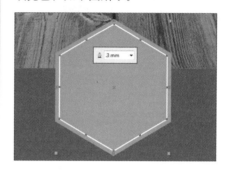

步骤 67 按F12功能键，在弹出的"轮廓笔"对话框中设置轮廓样式，单击"确定"按钮，应用轮廓设置，如下图所示。

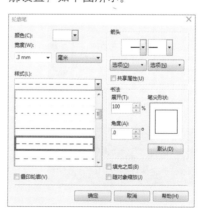

步骤 68 使用矩形工具绘制白色矩形并取消轮廓色，如下图所示。

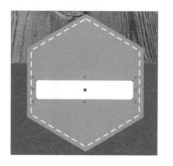

步骤 69 使用文本工具🅣添加文字信息并设置字样和字号，如下图所示。

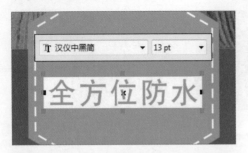

步骤 70 继续添加文字信息，如下图所示。

步骤 71 继续添加文字信息，如下图所示。

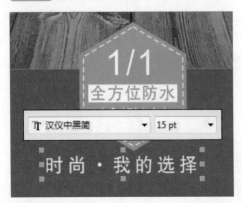

步骤 72 配合Shift键加选蓝色六变形，使用快捷键C使文字垂直居中对齐图形，如下图所示。

步骤 73 使用矩形工具绘制矩形，设置轮廓为白色，并取消填充色，如下图所示。

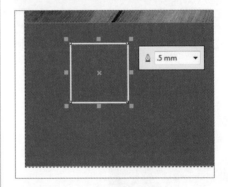

步骤 74 配合Ctrl键旋转图形，如下图所示。

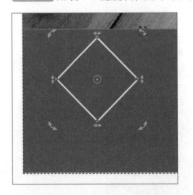

步骤 75 使用矩形工具，绘制矩形，设置填充为白色，并取消轮廓色，如下图所示。

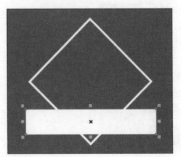

步骤 76 使用文本工具，添加文字信息并设置字体和字号，如下图所示。

步骤 77 选中前两步绘制的图形，执行"对象>组合>组合对象"命令，将图形进行编组，如下图所示。

步骤 78 复制编组图形，配合Shift键水平向右移动图形，并复制图形，如下图所示。

步骤 79 使用文本工具直接在文字上单击并修改文字内容，如下图所示。

5.2.2 制作宣传页背面

添加网格背景，对素材图像进行排版，通过绘制图形并将素材图像放置到绘制好的图形中，达到裁剪图像的目的，增强画面的层次感，更利于消费者以读图的形式方便快捷地了解产品。

步骤 01 切换至"页面2"，如下图所示。

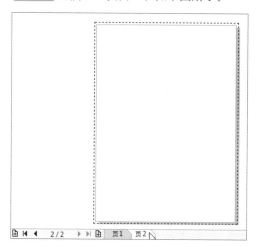

步骤 02 使用图纸工具在页面中进行绘制，如下图所示。

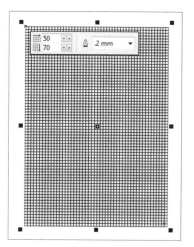

步骤 03 分别调整上一步创建图形的填充色和轮廓色，如图所示。

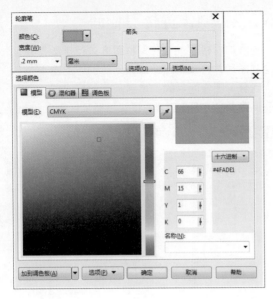

步骤 04 在属性栏中调整上一步创建图形的大小，如下图所示。

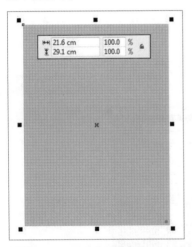

步骤 05 执行"对象>对齐和分布>在页面居中"命令，使图形与页面中心对齐。

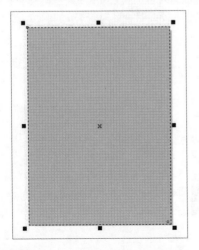

步骤 06 使用矩形工具创建与页面大小相同的矩形，在属性栏中调整矩形的大小，如下图所示。

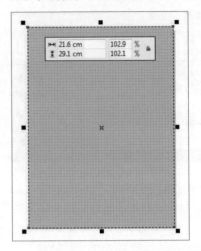

步骤 07 执行"对象>顺序>向前一层"命令，调整图形的顺序，使用功能键F12，打开"轮廓笔"对话框，设置轮廓属性，如下图所示。

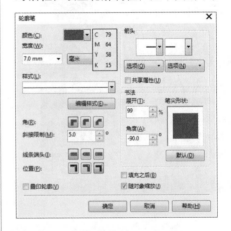

步骤 08 导入本章素材"02.psd"文件，效果如下图所示。

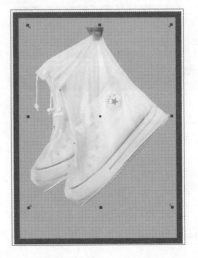

步骤 09 缩小并调整图像的位置，如下图所示。

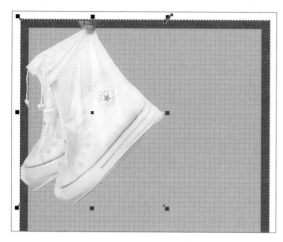

步骤 10 选择多边形工具并在属性栏中设置边数，如下图所示。

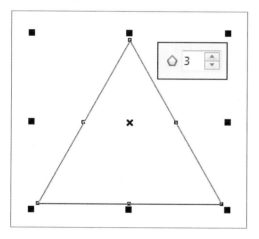

步骤 11 在视图中绘制三角形，调整三角形的轮廓，如下图所示。

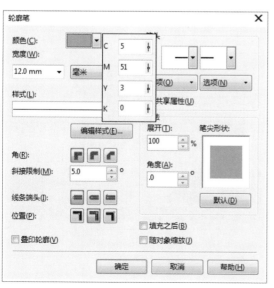

步骤 12 在属性栏中设置图形的旋转角度，如下图所示。

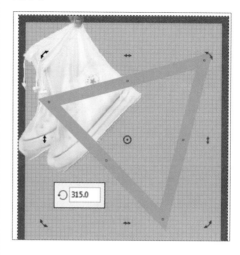

步骤 13 执行"对象>将轮廓转换为对象"命令，将轮廓转换为图形，如下图所示。

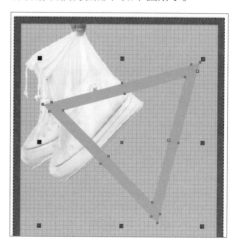

步骤 14 选择透明度工具 并在属性栏中单击"均匀透明度"按钮 ，设置透明度参数，制作图形的透明效果，如下图所示。

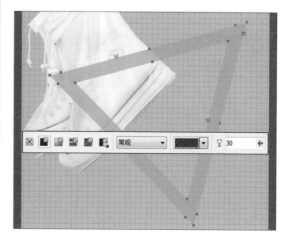

步骤15 为图形添加轮廓，如下图所示。

轮廓笔

颜色(C)：
宽度(W)：
4.5 mm   毫米

C 12
M 74
Y 31
K 0

样式(L)：

编辑样式(E)...

角(R)：
斜接限制(M)： 5.0

线条端头(T)：
位置(P)：

☐ 叠印轮廓(V)

箭头

选项(O)   选项(N)

☐ 共享属性(U)

书法

展开(T)   笔尖形状：
100   %

角度(A)：
.0

默认(D)

☑ 填充之后(B)
☑ 随对象缩放(U)

确定   取消   帮助(H)

步骤16 执行"对象>顺序>向后一层"命令，调整图形显示顺序，如下图所示。

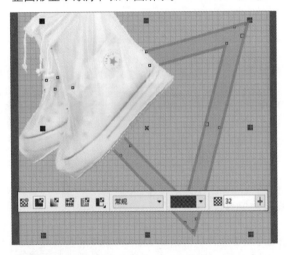

步骤17 导入本章素材"鞋03.jpg"、"鞋04.jpg"和"鞋05.jpg"文件，如下图所示。

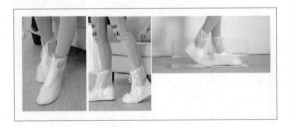

步骤18 使用裁剪工具裁切图像，最终效果如下图所示。

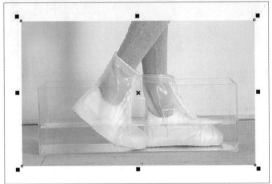

步骤19 单击属性栏中的"锁定比率"按钮，分别调整图像的高度，如下图所示。

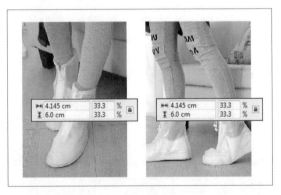

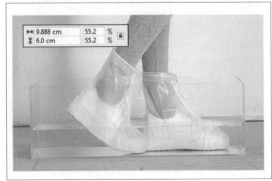

步骤 20 选中"鞋03"、"鞋04"和"鞋05"图像，单击属性栏中的"对齐与分布"按钮▣，在弹出的"对齐与分布"面板中进行设置，如下图所示。

步骤 21 调整图像顶对齐，效果如下图所示。

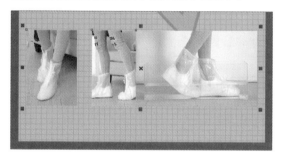

步骤 22 继续调整图像的间距，如下图所示。

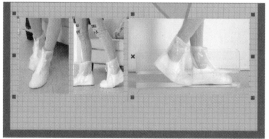

步骤 23 使用矩形工具，创建与页面大小相同的矩形，使用快捷键Shift+PageUp调整矩形至最上方显示，调整矩形的填充色并取消轮廓色，如下图所示。

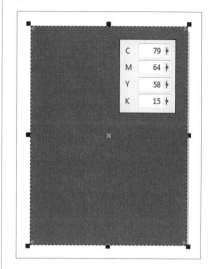

步骤 24 缩短图形的高度，如下图所示。

步骤 25 使用文本工具字添加文字信息并设置字体格式，如图所示。

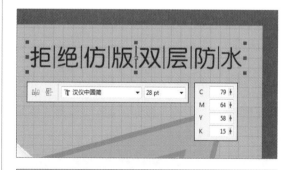

步骤 26 使用形状工具 调整字间距，效果如下图所示。

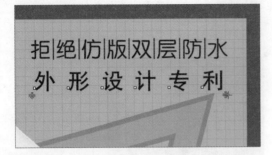

步骤 27 使用椭圆形工具 配合Ctrl键绘制白色正圆图形，并使用Ctrl+PageDown快捷键调整图形显示顺序，如下图所示。

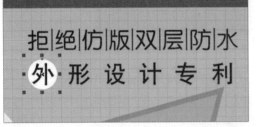

步骤 28 执行"对象>变换>位置"命令，在弹出的"变换"面板中进行设置，如下图所示。

步骤 29 单击"应用"按钮，复制并移动正圆图形，如下图所示。

步骤 30 继续绘制正圆图形，如下图所示。

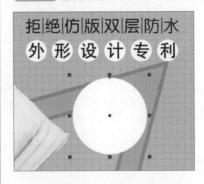

步骤 31 使用"+"键复制正圆图形，并配合Shift键中心缩小图形，如下图所示。

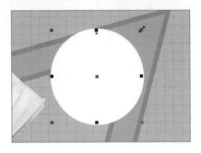

步骤 32 打开本章素材"鞋06.jpg"文件，执行"对象>图框精确剪裁>置于图文框内部"命令，如下图所示。

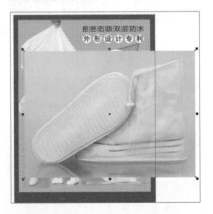

步骤 33 选中上一步复制的正圆图形，将图像放置在正圆图形中，如下图所示。

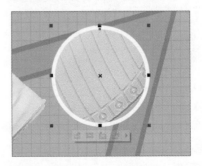

步骤 34 单击图形下方的"编辑"按钮，移动图像的位置，如下图所示。

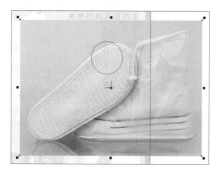

步骤 35 单击"停止编辑内容"按钮，完成对图像的移动，如下图所示。

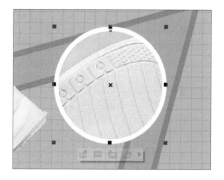

步骤 36 选中下方的正圆图形，使用阴影工具为其添加阴影效果，如下图所示。

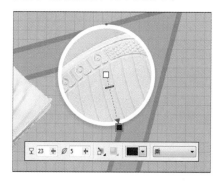

步骤 37 使用矩形工具绘制矩形，如下图所示。

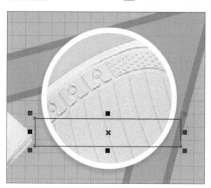

步骤 38 先选中填充图像后的正圆图形，配合Shift键加选矩形，单击属性栏中的"相交"按钮，创建相交图形，如下图所示。

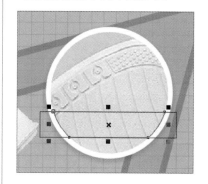

步骤 39 删除矩形，如下图所示，设置相交图形的填充色并取消轮廓色。

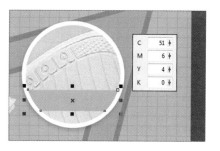

步骤 40 使用文本工具添加文字信息，效果如下图所示。

步骤 41 框选并复制之前创建的图形，如下图所示。

步骤 42 使用前面介绍的方法，移动图像，如下图所示。

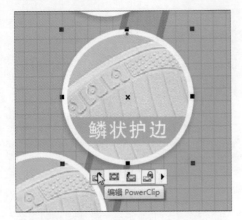

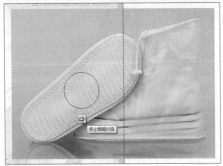

步骤 43 删除图形中的图像，如下图所示。

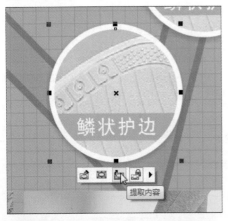

步骤 44 导入本章素材"02.jpg"文件，如下图所示。

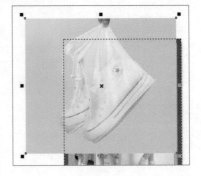

步骤 45 使用前面介绍的方法将其放置到正圆图形中，如下图所示。

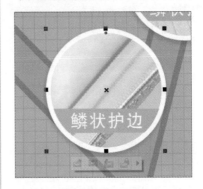

步骤 46 使用文本工具 添加文字信息，效果如下图所示。

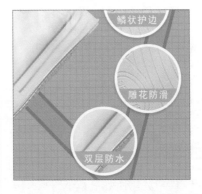

步骤 47 使用椭圆形工具，绘制正圆图形，如下图所示。

步骤 48 使用2点线工具，绘制直线，如下图所示。

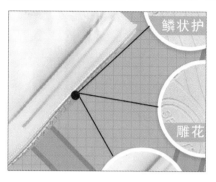

步骤 49 选中直线，使用快捷键F12打开"轮廓笔"对话框，在对话框中调整轮廓样式，单击"确定"按钮，应用轮廓效果，如下图所示。

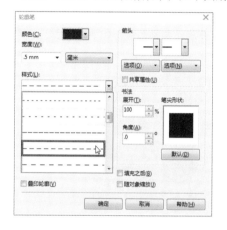

步骤 50 使用矩形工具，绘制矩形，如下图所示。

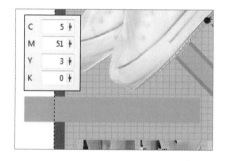

步骤 51 使用形状工具调整矩形为圆角矩形，如下图所示。

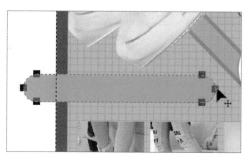

步骤 52 为圆角矩形添加轮廓，如下图所示。

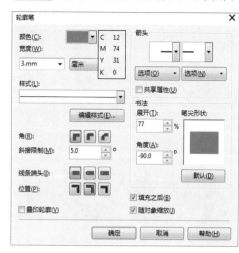

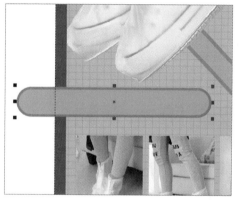

步骤 53 使用矩形工具绘制矩形，如下图所示。

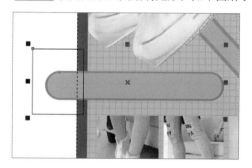

步骤 54 配合Shift键加选圆角矩形，单击属性栏中的"修剪"按钮，修剪图形，如下图所示。

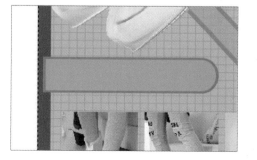

步骤 55 使用快捷键Ctrl+PageDown调整图层显示顺序，如下图所示。

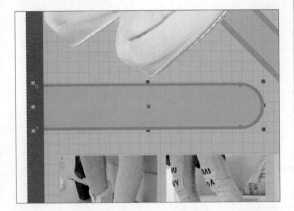

步骤 56 使用文本工具添加文字信息，如下图所示。

步骤 57 选中并调整字体样式，如下图所示。

步骤 58 导入本章素材"奖杯.psd"文件，如下图所示。

步骤 59 缩小并旋转奖杯图像，如下图所示。

步骤 60 使用文本工具添加文字信息，完成本实例的制作，如下图所示。

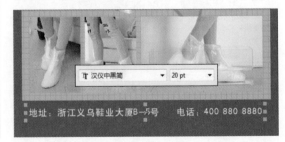

Chapter 06 海报设计

本章导读

海报是广告艺术中的一种大众化载体，又称为"招贴"或"宣传画"。优秀的海报设计必须要具有号召力与艺术感染力，要调动形象、色彩、构图、形式感等因素，形成强烈的视觉效果。

学习目标

❶ 在Photoshop软件中使用蒙版制作背景
❷ 在CorelDRAW软件中进行整体效果的制作

案例预览

6.1 设计准备

为了更好地完成本设计案例，现对制作要求及设计内容做如下规划：

作品名称	新年海报设计
作品尺寸	203cm×360cm
设计创意	01 海报的设计结合了中国传统书法与纹样设计，中国韵味强烈 02 吉祥物结合了一些传统图案的设计，看上去华贵、大气
主要元素	01 中国元素背景 02 新年吉祥物 03 梅花和彩灯
印装要求	四色印刷，157铜板单面
应用软件	Photoshop、CorelDRAW
同类作品欣赏	  
备注	

6.2　新年海报设计

海报作为一种宣传手段，已经充满了我们生活中的各个角落。本章要制作一个新年海报，需要用到透明度工具、钢笔工具、吸引工具、贝塞尔工具等，为了让读者更好地了解海报的设计，下面将带领大家一起认识和了解海报设计的制作过程。

6.2.1　使用蒙版制作背景

海报的制作首先要设计海报的背景，背景的制作主要以中国书法和传统纹样为主，通过蒙版的剪切，对背景进行简单处理。

步骤 01 打开Photoshop软件，按组合键Ctrl+N新建文档，对其相关属性进行设置，如下图所示。

步骤 02 单击"确定"按钮，弹出空白文档，如下图所示。

步骤 03 打开本章素材"背景.png"文件，导入图片，如下图所示。

步骤 04 右击背景图层，对图层进行栅格化操作后，选择通道中的绿色通道，如下图所示。

步骤 05 拖动绿色通道到复制图层按钮上，复制绿色拷贝通道图层，如下图所示。

步骤 06 选择复制的绿色通道图层，执行"图像>调整>曲线"命令，弹出"曲线"对话框，如下图所示。

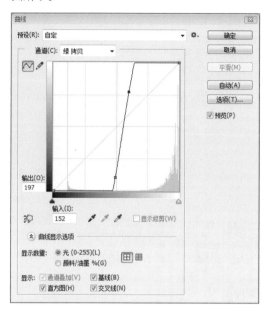

步骤 07 单击"确定"按钮，效果如下图所示。

步骤 08 按住Ctrl键并移动鼠标至绿色拷贝图层上，待光标变为带有方形的手形状时单击。然后选择矩形选框工具，右击鼠标选择反向选取，效果如下图所示。

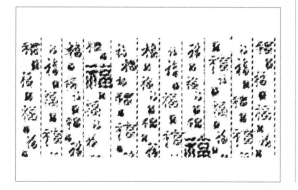

步骤 09 新建图层，选择填充工具，填充颜色为黄色（C：25%，M：58%，Y：100%，K：0%），按组合键Alt＋Backspace填充前景色，如下图所示。

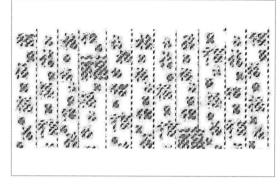

步骤 10 按Ctrl＋D组合键取消选择，并隐藏背景图层，效果如下图所示。

步骤 11 选择背景1图层，选择快速选择工具后，选中图片，如下图所示。

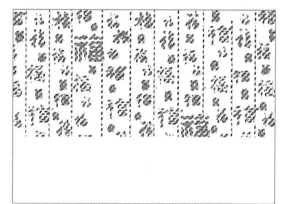

步骤 12 选择渐变工具，单击属性栏中的渐变条，弹出"渐变编辑器"对话框，设置渐变条中左边滑块为黄色（C：25%，M：58%，Y：100%，K：0%），右边滑块为白色（C：0%，M：0%，Y：0%，K：0%），如下图所示。

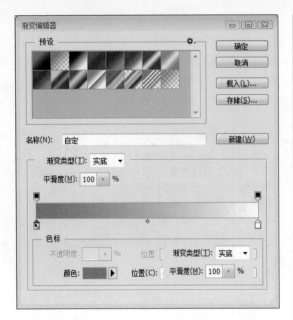

步骤13 单击"确定"按钮，在背景上拖拉鼠标，调节合适的渐变效果，如下图所示。

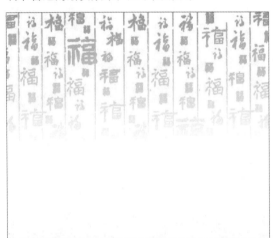

步骤14 选择透明度工具，设置透明度为57%，效果如下图所示。

步骤15 按住Alt键，复制背景，将其移至下方，使用上述调节渐变的方法，对复制的图形设置渐变色，如下图所示。

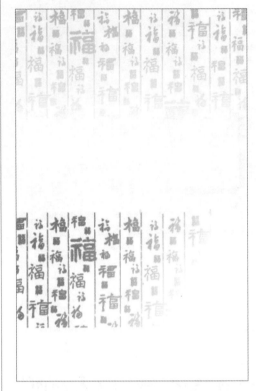

步骤16 选择透明度工具，设置透明度为30%，效果如下图所示。

步骤 17 打开本章素材"云纹.jpg"文件，如下图所示。

步骤 18 选择"通道"面板中的蓝色通道，并复制出"蓝拷贝"通道，如下图所示。

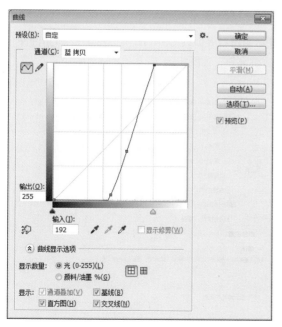

步骤 19 执行"图像>调整>曲线"命令，弹出"曲线"对话框，对曲线进行调节，如下图所示。

步骤 20 单击"确定"按钮，效果如下图所示。

步骤 21 按住Ctrl键，在复制的蓝色拷贝通道上单击，在选择矩形选框工具，右击选择反向，效果如下图所示。

步骤 22 新建图层并选择填充工具，填充颜色为淡黄色（C：10%，M：12%，Y：24%，K：0%），如下图所示。

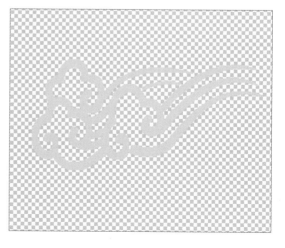

步骤 23 移动图形至所建的文件中，如下图所示。

步骤 24 移动并复制云纹图形至所需位置，效果如下图所示。

步骤 25 新建图层，选择矩形选框工具，绘制矩形图形，填充颜色为浅灰色（C：7%，M：5%，Y：5%，K：0%），如下图所示。执行"文件>储存为"命令，设置储存类型为psd格式。

6.2.2　制作整体效果

在设计海报整体效果时，需把握好海报的整体风格，色彩搭配形成统一性，文字排版要简洁大方，字体大小要适中。

步骤 01 打开CorelDRAW软件，按组合键Ctrl+N，新键文件，如图所示。

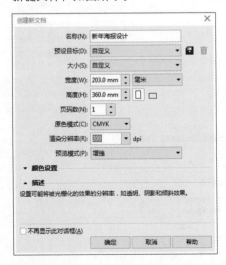

步骤 02 单击"确定"按钮，弹出空白文档，打开本章素材"海报设计.psd"文件，如图所示。

步骤 03 选择透明度工具，调节背景的透明度为54%，并调整背景的位置及云图大小和色值，效果如下图所示。

步骤 04 打开本章素材"梅花.jpg"文件，如下图所示。

步骤 05 选中梅花素材，执行"位图>轮廓描摹>剪贴画"命令，弹出Power TRAC对话框，如下图所示。

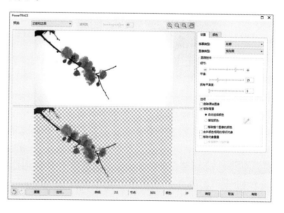

步骤 06 设置相关属性后，单击"确定"按钮，效果如下图所示。

步骤 07 下面绘制灯笼，选择矩形工具，绘制矩形图形，填充颜色为咖啡色（C：47%，M：76%，Y：98%，K：13%）。接着复制绘制的矩形图形，填充颜色为深咖色（C：55%，M：83%，Y：88%，K：34%），如下图所示。

步骤 08 选择矩形工具，再次绘制矩形图形，按下组合键Ctrl+Shift+A，弹出"对齐与分布"面板，设置对齐属性为水平居中对齐，如下图所示。

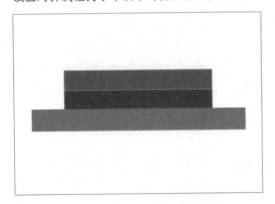

步骤 09 选择钢笔工具，绘制三角图形，复制图形并在属性栏中设置水平镜像，如下图所示。

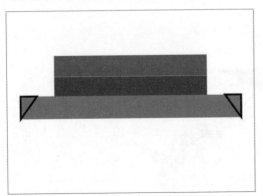

步骤 10 选中左侧三角图形和绿色矩形图形，执行"对象>造型>移除前方对象"命令，如下图所示。

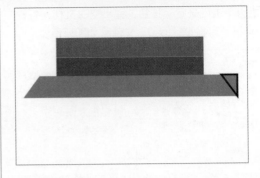

步骤 11 使用同样的方法，对右侧进行剪裁，效果如下图所示。

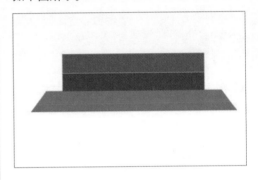

步骤 12 复制梯形图形，移动并使其垂直镜像，设置颜色为深绿色（C：91%，M：71%，Y：50%，K：11%），如下图所示。

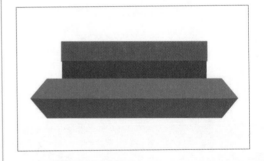

步骤 13 按下键盘中的"+"键，复制并调整不规则图形效果，如下图所示。

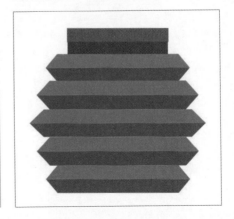

步骤 14 选择中间的图形，并选择面板中右下角的编辑填充，弹出编辑填充面板，选择渐变填充，设置左侧和右侧滑块颜色为（C：88 %，M：38%，Y：60 %，K：3 %），添加中间侧滑块颜色为（C：75 %，M：0%，Y：35 %，K：0%），效果如下图所示。

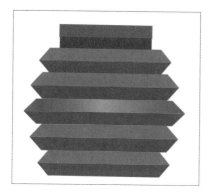

步骤 15 使用上述同样方法，对其下面的梯形进行设置，设置左侧和右侧滑块颜色值为（C：100 %，M：93%，Y：69 %，K：60%），添加滑块颜色值为（C：93%，M：53%，Y：38 %，K：0%），效果如下图所示。

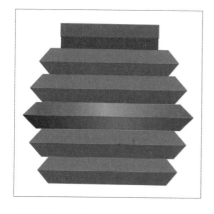

步骤 16 选择矩形工具，绘制多个矩形图形，并选择吸管工具吸取图形的咖啡色，效果如下图所示。

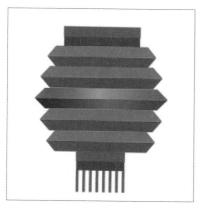

步骤 17 选择椭圆工具，按Ctrl键绘制正圆图形，并按下键盘上的"＋"键，复制图形，填充颜色为图中的绿色，效果如下图所示。

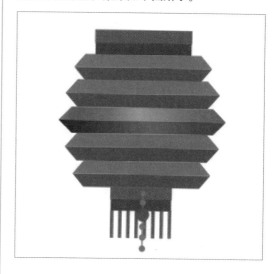

步骤 18 移动绘制的灯笼至梅花的下方，并选择2点线工具，绘制线条，效果如下图所示。

步骤 19 按下键盘中的"＋"键，复制灯笼，并设置相应的颜色，效果如下图所示。

步骤 20 选择椭圆工具，在绘图区的最下方绘制正圆图形，再选择矩形工具绘制矩形图形，如下图所示。

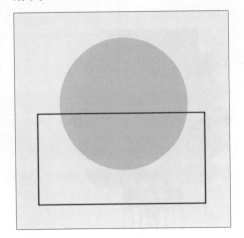

步骤 21 选中图形，在属性栏中设置移除前方对象，效果如下图所示。

步骤 22 复制两个半圆图形，调整图形大小，并设置颜色为白色和蓝色（C：53%，M：16%，Y：0%，K：0%），效果如下图所示。

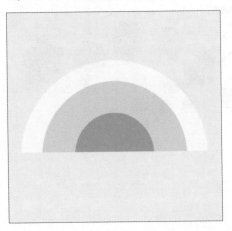

步骤 23 选中三个半圆图形，右击将其组合对象，并按住小键盘中的"＋"键，复制图形，效果如下图所示。

步骤 24 选择钢笔工具，绘制公鸡吉祥物，先绘制公鸡的头部，填充颜色为绿色（C：65%，M：4%，Y：44%，K：0%），如下图所示。

步骤 25 继续选择钢笔工具，绘制嘴部，填充颜色为黄色（C：5%，M：31%，Y：87%，K：0%），如下图所示。

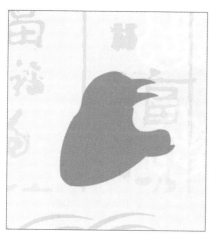

步骤 26 选择钢笔工具，绘制不规则图形，填充颜色为红色（C：16%，M：100%，Y：94%，K：0%）作为鸡冠，效果如下图所示。

步骤 27 再次绘制鸡冠的内部阴影效果，填充颜色为深红色（C：40%，M：100%，Y：100%，K：6%），效果如下图所示。

步骤 28 分别绘制鸡的身体部分，填充颜色为蓝色（C：100%，M：94%，Y：57%，K：0%）和绿色（C：65%，M：4%，Y：44 %，K：0%），效果如下图所示。

步骤 29 选择贝塞尔工具，绘制鸡的羽毛部分，填充颜色为蓝色（C：98%，M：78%，Y：4 %，K：0%），效果如下图所示。

步骤 30 继续使用贝塞尔工具，绘制公鸡的脚部，填充颜色为红色（C：15%，M：100%，Y：98%，K：0%），效果如下图所示。

步骤31 接着绘制鸡的脚尖部分，填充颜色为黄色（C：0%，M：44%，Y：88%，K：0%），效果如下图所示。

步骤32 制作完成了吉祥物的大概形象，效果如下图所示。

步骤33 选择椭圆工具，在鸡的眼睛部分绘制正圆图形，填充颜色为橙色（C：12%，M：45%，Y：94%，K：0%），如下图所示。

步骤34 继续选择椭圆工具，绘制正圆图形，填充颜色为红色，并按Ctrl+PageDown组合键将其后置一层，效果如下图所示。

步骤35 绘制两个相交的正圆图形，填充颜色为黑色和白色，在属性栏中设置移除前方对象属性，效果如下图所示。

步骤36 选择椭圆工具，绘制眼部高光，效果如下图所示。

步骤37 选择钢笔工具，绘制嘴张开的阴影部分，填充颜色为铁锈色（C：36%，M：71%，Y：60%，K：0%），如下图所示。

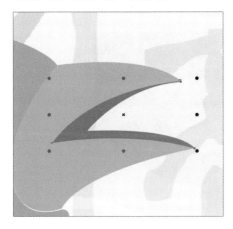

步骤38 选择椭圆工具，绘制正圆图形，填充颜色为黄色（C：4%，M：16%，Y：44%，K：0%），如下图所示。

步骤39 选择钢笔工具，绘制鸡胡，填充颜色为红色（C：8%，M：100%，Y：95%，K：0%），如下图所示。

步骤40 继续使用钢笔工具，绘制鸡脖上的装饰，填充颜色为蓝色（C：100%，M：94%，Y：50%，K：7%），如下图所示。

步骤41 选中装饰图形，选择平滑工具，在图形上拖拉，效果如下图所示。

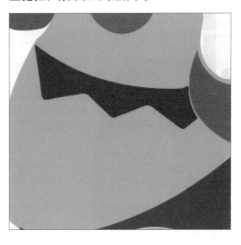

步骤42 选择钢笔工具，绘制相对应的装饰图形，并选择平滑工具进行拖拉，如下图所示。

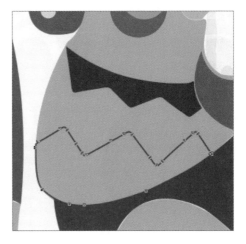

步骤 43 选择椭圆工具，绘制正圆图形，选择2点线工具，绘制线段，填充颜色为红色（C：8%，M：100%，Y：95%，K：0%），再使用平滑工具调节线段平滑度，效果如下图所示。

步骤 44 选择椭圆工具，绘制正圆图形，填充颜色为蓝色（C：77%，M：24%，Y：0%，K：0%），轮廓颜色为黄色（C：0%，M：44%，Y：88%，K：0%），选择旋转工具，在绘制的圆上方按住鼠标拖动，将其旋转，效果如图所示。

步骤 45 按下键盘中的"+"键，复制装饰图案，效果如下图所示。

步骤 46 选择钢笔工具，绘制肚子部分的装饰图，填充颜色为黄色（C：0%，M：44%，Y：88%，K：0%）和浅黄色（C：4%，M：11%，Y：43%，K：0%），如下图所示。

步骤 47 选择钢笔工具，绘制翅膀部分的细节，填充颜色为绿色（C：78%，M：10%，Y：49%，K：0%），如下图所示。

步骤 48 使用同样的方法绘制翅膀的其他几个部分，填充颜色为浅蓝（C：77%，M：24%，Y：0%，K：0%）和深蓝（C：100%，M：79%，Y：16%，K：0%），效果如图所示。

步骤 49 选择钢笔工具，绘制翅膀的装饰图案，填充颜色为蓝色（C：98%，M：78%，Y：4%，K：0%），如下图所示。

步骤 50 使用上述同样的方法，绘制翅膀图案，效果如下图所示。

步骤 51 选择椭圆工具，绘制正圆图形，填充颜色为浅蓝色（C：77%，M：24%，Y：0%，K：0%），如下图所示。

步骤 52 选择贝塞尔工具，绘制曲线，填充颜色为黄色（C：0%，M：44%，Y：88%，K：0%），如下图所示。

步骤 53 选择钢笔工具，绘制腿部装饰图形，填充颜色为黄色（C：0%，M：44%，Y：88%，K：0%），如下图所示。

步骤 54 选择钢笔工具，绘制脚部的曲线纹样，填充颜色为黄色（C：0%，M：44%，Y：88%，K：0%），如下图所示。

步骤 55 选择钢笔工具，绘制羽毛上的图案，填充颜色为黄色（C：0%，M：44%，Y：88%，K：0%），轮廓为蓝色（C：77%，M：24%，Y：0%，K：0%），按下键盘中的"＋"键复制图形，效果如图所示。

步骤 56 选中绘制的吉祥物，右击进行组合对象，并移至合适位置，如图所示。

步骤 57 选择文本工具，输入文字，设置字体为方正黄草简体，字号分别为144、139、267、180，颜色为黑色，如下图所示。

步骤 58 选择透明度工具，设置文本的透明度为渐变透明，效果如下图所示。

步骤59 选择椭圆工具，绘制正圆图形，填充颜色为红色（C：16%，M：100%，Y：94%，K：0%），如下图所示。

步骤60 选择文本工具，输入文字，设置字体为汉仪细中圆简，字号为20号，颜色为白色，如下图所示。

步骤61 选择文本工具，继续添加下方内容，设置字体为AngsanaUPC，字号为18号，颜色为红色，如下图所示。

步骤62 继续使用文本工具，输入英文下面的文字，设置字体为创意简中圆，字号为16号，颜色为红色，并按空格键调节字体间距，如下图所示。

步骤63 选择椭圆工具，绘制正圆图形，填充颜色为红色，并调整位置至字体的中间，按组合键Ctrl+Shift+A，弹出对齐与分布面板，选择水平居中对齐，效果如下图所示。

步骤64 选择文本工具，输入文字，设置字体为汉仪双线体简，字号为28号，颜色为红色，效果如下图所示。

步骤65 选中文字，并选择阴影工具 [图]，在文字上拖拉鼠标，添加阴影效果，如下图所示。

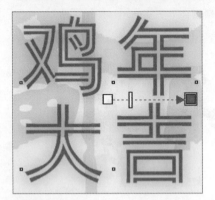

步骤66 选择矩形工具，绘制圆角轮廓矩形图形，设置轮廓为0.5mm，颜色为红色，转角半径为0.8mm，如下图所示。

步骤67 选择矩形工具，绘制矩形图形并填充颜色为橙色（C：0%，M：44%，Y：88%，K：0%），如下图所示。

步骤68 选择吸引工具和排斥工具，对矩形进行变形，效果如下图所示。

步骤69 选择透明度工具，在属性栏中选择渐变工具，设置渐变效果，如下图所示。

步骤70 使用上述方法绘制下面的图形，填充颜色为蓝色（C：60%，M：20%，Y：0%，K：0%），如图所示。

步骤 71 选择文字工具，创建竖排文字，在属性栏中将文本设为垂直方向 IIII，设置字体为汉仪舒同体简，字号为24号，颜色为红色，如下图所示。

步骤 72 选择文本工具，创建右侧文字，设置字体为汉仪书魂体简，字号为24号，颜色为黑色，并按空格键调节字体间距，如下图所示。

步骤 73 选择椭圆工具，为黑色字体绘制正圆轮廓，设置轮廓颜色为黑色，轮廓宽度为0.5mm，如下图所示。

步骤 74 选中右侧文字和圆形图形，按组合键Ctrl+Shift+A，在弹出对齐与分布面板中，单击水平居中对齐按钮 IIII，如下图所示。

步骤 75 完成以上制作后，最终效果如下图所示。

Chapter **07** 产品包装设计

本章导读

商品包装盒是商品的重要组成部分，它不仅是商品不可缺少的外衣，起着保护商品，便于运输、销售和消费者购买的作用，也是商品制造企业的形象缩影。产品包装上的文字内容要简明、真实、生动、易读、易记；字体设计应反映商品的特点、性质、有独特性，并具备良好的识别性和审美功能；文字的编排与包装的整体设计风格应和谐。

学习目标

① 在CorelDRAW软件中创建包装刀版图，并设计与制作包装
② 在Photoshop软件中使用魔术棒抠图

案例预览

7.1 设计准备

为了更好地完成本设计案例，现对制作要求及设计内容做如下规划：

作品名称	儿童米粉包装
作品尺寸	421mm×336mm
设计创意	01 包装颜色主要采用黄色与绿色，与包装内产品相互搭配，宣传其产品新鲜、美味、绿色、健康等特点 02 包装正面采用图文并茂的方式排版，一是版面轻松化，二是利用产品的图片吸引消费者，提高销售额 03 包装反面主要排版的是文字，利于顾客了解本产品的详细信息
主要元素	01 米粉 02 豌豆
印装要求	单铜纸300g，刀版模切，彩印
应用软件	Photoshop、CorelDRAW
同类作品 欣赏	 
备　注	

7.2 儿童米粉包装盒设计

本章要制作的是儿童米粉包装设计，儿童产品类包装显著特点就是色彩明快艳丽，图形温馨可爱，本例正是突出了这一特点。整个设计过程包括创建包装的刀版和制作包装外观图像。

7.2.1 创建包装刀版

制作刀版是包装中必不可少的环节，只有在了解包装的尺寸和构造的基础上，才能对包装的外观进行设计，所以首先创建包装的刀版。刀版就是后期模切的工具，就好比我们拿的美工刀，复杂的包装外形只需要机器按压即可将包装的轮廓裁剪出来，并添加折痕，方便包装的折叠。

步骤 01 启动CorelDRAW X8，执行"文件>新建"命令，在弹出的"创建新文档"对话框中进行设置，如下图所示。

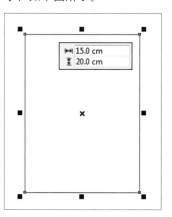

步骤 02 单击"确定"按钮，新建文档。使用矩形工具绘制矩形，并在属性栏中设置矩形的大小，如下图所示。

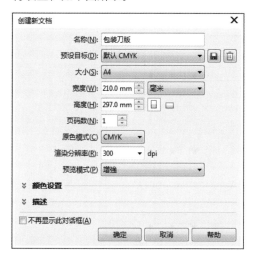

步骤 03 继续绘制矩形并在属性栏中设置矩形的大小，如下图所示。

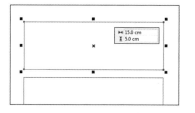

步骤 04 选中两个矩形，单击属性栏中的"对齐与分布"按钮，在"对齐与分布"面板中进行相应的设置，调整图形的对齐方式，如下图所示。

步骤 05 将鼠标移至小矩形的底部，选中图形，按住Ctrl键的同时单击鼠标向上拖动翻转图形，如图所示。

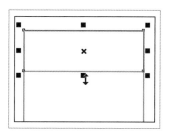

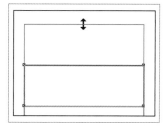

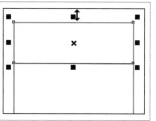

步骤 06 继续绘制矩形，如下图所示。

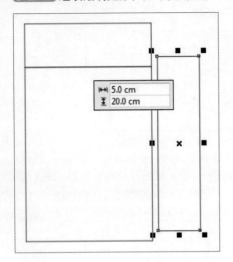

步骤 07 按住Shift键，并加选最大的矩形，如下图所示。

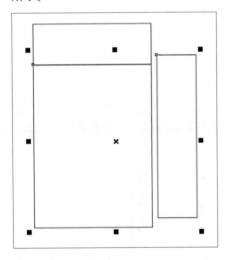

步骤 08 按快捷键Ctrl+Shift+A，弹出"对齐与分布"面板，如下图所示。

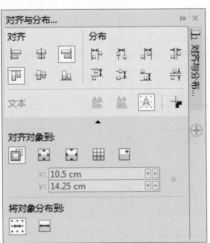

步骤 09 在面板中设置对齐方式为右对齐，调整图形的对齐方式，效果如下图所示。

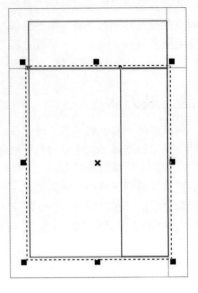

步骤 10 将鼠标移至小矩形的左侧，如下图所示。

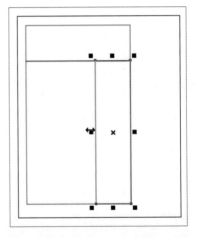

步骤 11 单击鼠标并按Ctrl键向右拖动，翻转图形，如下图所示。

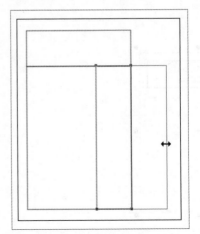

步骤 12 翻转后松开鼠标，效果如下图所示。

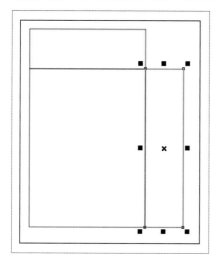

步骤 13 创建矩形，如下图所示。

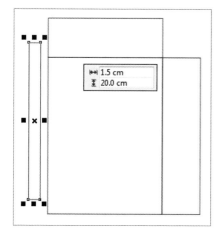

步骤 14 按住Shift键加选最大的矩形，如图所示。

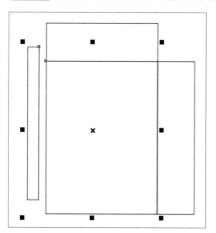

步骤 15 在弹出的"对齐与分布"面板中，设置对齐方式为左对齐，调整图形的对齐方式，效果如下图所示。

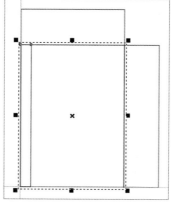

步骤 16 将鼠标移至小矩形的右侧，单击鼠标并按Ctrl键向左拖动，翻转图形，如下图所示。

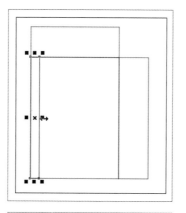

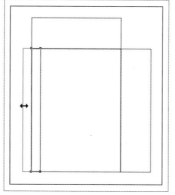

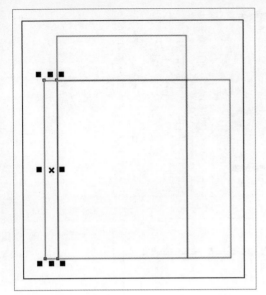

步骤 17 继续绘制矩形，如下图所示。

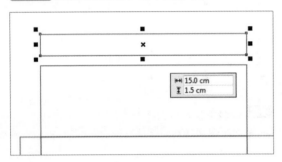

步骤 18 使用前面介绍的方法调整图形的对齐，如下图所示。

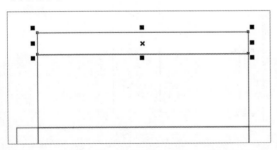

步骤 19 单击属性栏中的"同时编辑所有角"按钮，设置矩形的圆角参数，如下图所示。

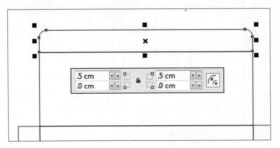

步骤 20 选中矩形，执行"对象>转换为曲线"命令，将图形转换为曲线，如下图所示。

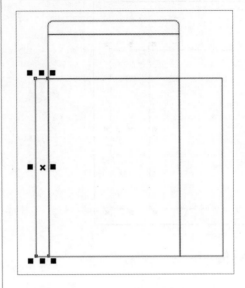

步骤 21 选择选择工具，在没有选中任何对象的状态下，在属性栏中设置微调距离，如下图所示。

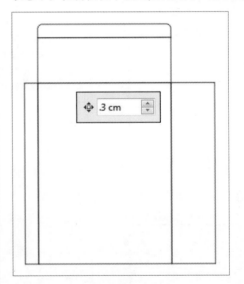

步骤 22 使用形状工具选中并使用方向键向下移动锚点，如下图所示。

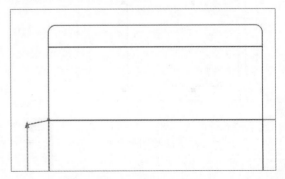

步骤 23 继续向上移动锚点的位置，如下图所示。

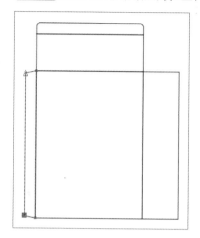

步骤 24 使用矩形工具绘制矩形，如下图所示。

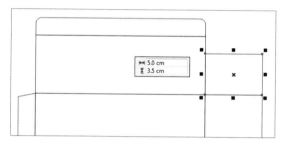

步骤 25 调整矩形的圆角，如下图所示。

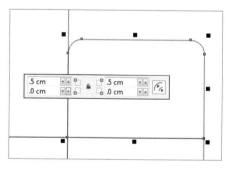

步骤 26 使用快捷键Ctrl+Q将图形转换为曲线，使用形状工具在路径上双击添加锚点，如下图所示。

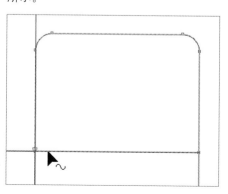

步骤 27 继续添加锚点，如下图所示。

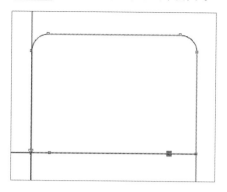

步骤 28 使用方向键向上移动锚点的位置，如下图所示。

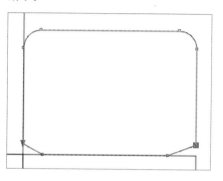

步骤 29 使用方向键向右移动锚点的位置，如下图所示。

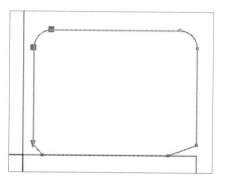

步骤 30 使用方向键向左移动锚点的位置，如下图所示。

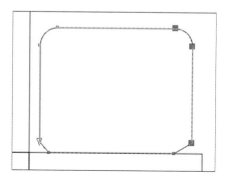

步骤 31 选中左侧线段并拖动锚点,移动图形至合适位置,如下图所示。

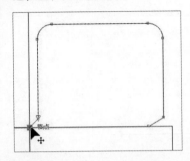

步骤 32 使用同样的方法移动右侧线段,效果如图所示。

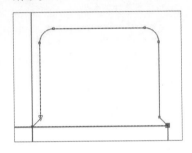

步骤 33 使用前面介绍的方法,按Ctrl键镜像图形,如下图所示。

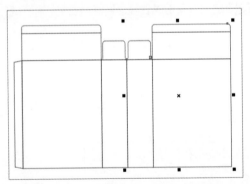

步骤 34 单击属性栏中的"水平镜像"和"垂直镜像"按钮,镜像图形。执行"对象>组合>组合对象"命令,对图形进行编组,如下图所示。

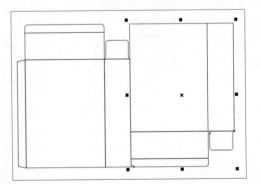

步骤 35 按Shift键加选左侧相邻的矩形,执行"对象>对齐和分布>顶端对齐"命令,调整图形为顶对齐,如下图所示。

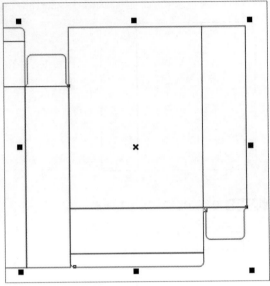

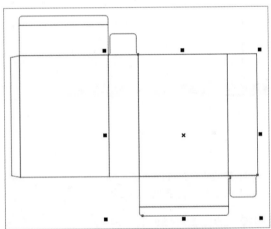

步骤 36 使用虚拟段删除工具在线段上单击,删除线段,如下图所示。

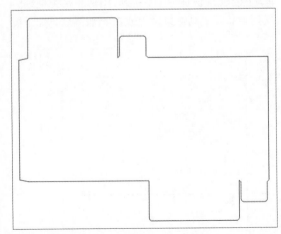

步骤37 使用2点线工具 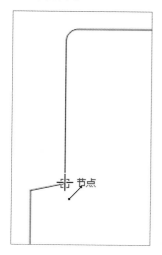在删除线段的位置单击，如下图所示。

步骤38 选择工具箱中2点线工具，选择另一处锚点，单击并拖动鼠标绘制直线，如图所示。

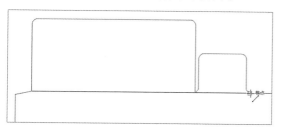

步骤39 使用上一步的方法，继续在原来的位置添加直线，如下图所示。

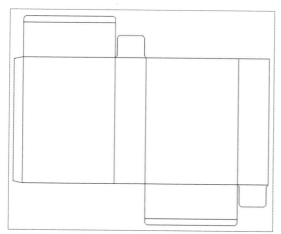

步骤40 按F12键弹出"轮廓笔"对话框，如下图所示。在对话框中进行相关设置，单击"确定"按钮，调整直线效果。

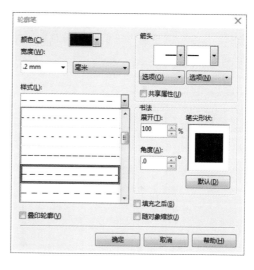

步骤41 使用快捷键Ctrl+A选中所有图形，执行"对象>组合>组合对象"命令，将图形进行编组。在属性栏中查看图形的大小，如下图所示。

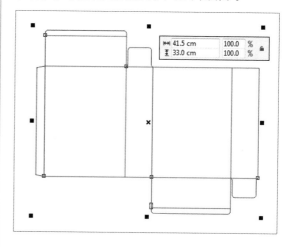

步骤42 调整页面的大小，如下图所示。

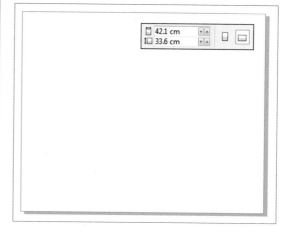

步骤 43 选中图形，执行"对象>对齐和分布>在页面居中"命令，调整图形与页面中心对齐，如下图所示。

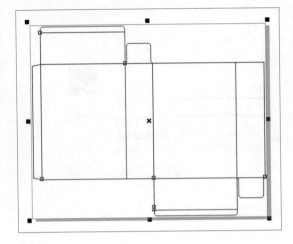

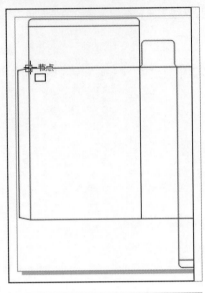

步骤 44 执行"对象>锁定>锁定对象"命令，锁定图形，如下图所示。

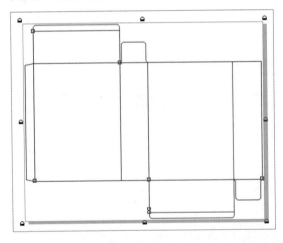

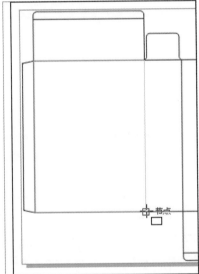

7.2.2 添加主题图像

选用鲜艳的黄色作为包装主色调，吸引儿童的注意力。包装正面添加爱心图形，使背景看起来更具层次感。添加产品图像，更直观的展现产品的卖点，添加辅助产品图像让消费者了解产品的口味及特点，最后添加产品描述的详细文字。

步骤 01 选择矩形工具，绘制一个合适大小的矩形，如下图所示。

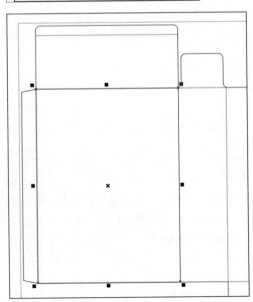

步骤 02 按F11键，弹出"编辑填充"对话框，在渐变区域中，分别设置左右两边滑块颜色，如下图所示。

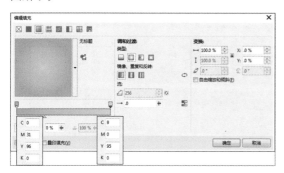

步骤 03 单击"确定"按钮，应用径向渐变填充效果，然后设置轮廓宽度为无，效果如下图所示。

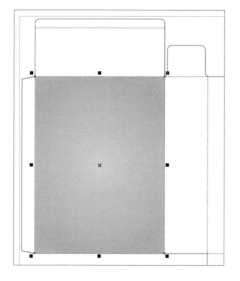

步骤 04 继续绘制矩形，为了方便观察设置了不同的轮廓色，如下图所示。

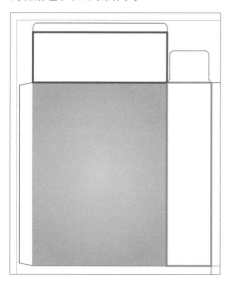

步骤 05 单击右键选中并拖动渐变填充矩形至绘制的红色轮廓矩形上，松开鼠标在弹出的菜单中选择"复制所有属性"命令，复制填充和轮廓效果，如下图所示。

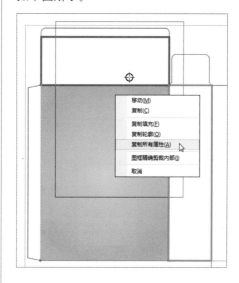

步骤 06 继续复制所有属性至蓝色轮廓矩形上，效果如下图所示。

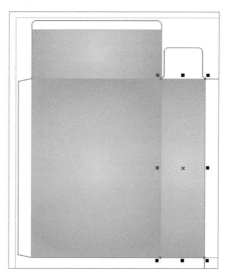

步骤 07 选择圆形工具◯，绘制椭圆并设置填充为浅绿色，设置轮廓宽度为无，如下图所示。

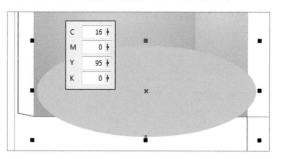

步骤 08 选择上述椭圆图形，按下键盘上的"+"键复制椭圆图形，设置颜色为中绿色，如图所示。

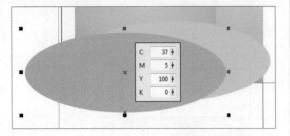

步骤 09 继续复制椭圆形，设置颜色为深绿色，如下图所示。

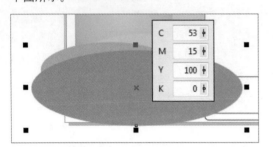

步骤 10 依次选中大渐变矩形和椭圆形，单击属性栏中的"相交"按钮，创建相交图形，如下图所示。

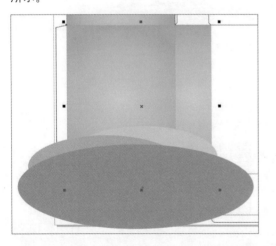

步骤 11 通过3次的相交操作，得到如下图所示的图形。

步骤 12 选中基本形状工具并在属性栏中选择形状，按Ctrl键绘制正心形，如下图所示。

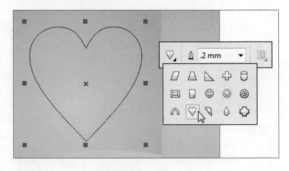

步骤 13 执行"对象>转换为曲线"命令，将图形转换为曲线，如下图所示。

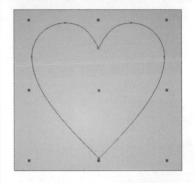

步骤 14 使用形状工具调整锚点，如下图所示。

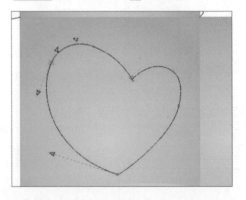

步骤 15 设置形状的填充色为白色并取消轮廓色，如下图所示。

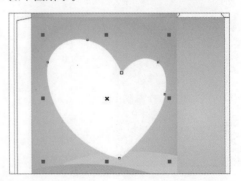

步骤 16 按Shift键中心缩小图形，并单击鼠标右键复制图形，这里为了方便观察为其添加了轮廓色，如下图所示。

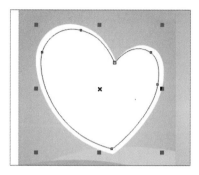

步骤 17 打开"编辑填充"对话框，为其添加径向渐变填充效果，如下图所示。

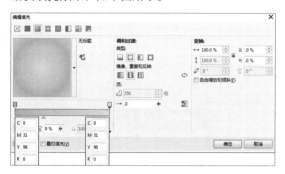

步骤 18 单击"确定"按钮，效果如下图所示。

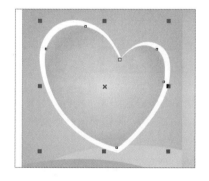

步骤 19 按Shift键中心缩小图形并单击鼠标右键复制图形，调整填充为白色，如下图所示。

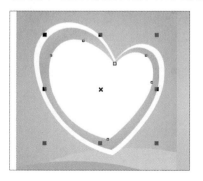

步骤 20 选中最大的心形，如下图所示。

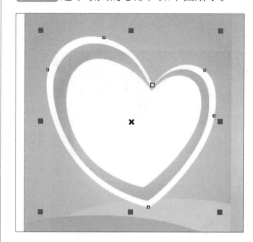

步骤 21 执行"位图>转换为位图"命令，在弹出的对话框中进行设置后，单击"确定"按钮，将图形转换为图像，如下图所示。

步骤 22 执行"位图>模糊>高斯式模糊"命令，在弹出的对话框中进行相应的设置，如下图所示。

步骤 23 单击"确定"按钮,查看添加高斯模糊的效果。复制渐变和白色心形图形,并放大白色心形,如下图所示。

步骤 24 按Shift键加选下方的渐变心形,单击属性栏中的"修剪"按钮,修剪图形,如下图所示。

步骤 25 调整修剪后图形的颜色为黄色,效果如下图所示。

步骤 26 使用前面介绍的方法,将图形转换为图像,如下图所示。

步骤 27 为图像添加高斯模糊效果后,调整图像的位置,如下图所示。

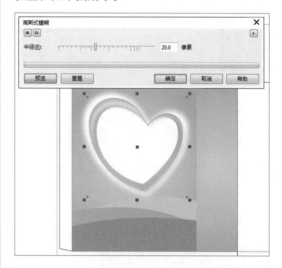

步骤 28 复制并缩小白色心形图像,执行"对象>顺序>到图层前面"命令,调整图像显示顺序,如下图所示。

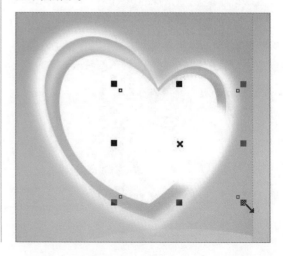

步骤 29 使用选择文本工具 添加文字信息，如下图所示。

步骤 30 按F11键，弹出"编辑填充"对话框，如下图所示。

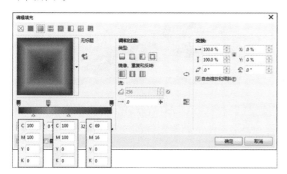

步骤 31 在对话框中设置渐变效果参数后，单击"确定"按钮，应用文字渐变填充效果，如下图所示。

步骤 32 选择文本工具，继续添加文字信息，如下图所示。

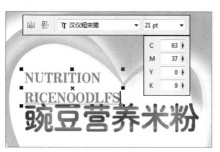

步骤 33 选择形状工具 ，调整文本的行距，如下图所示。

步骤 34 使用矩形工具 绘制矩形，设置填充颜色为紫色，如下图所示。

步骤 35 选择形状工具 调整矩形转角，如下图所示。

步骤 36 选择文本工具 添加文字信息，并继续使用文本工具创建下方文字内容，如下图所示。

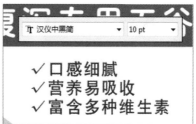

步骤37 选择矩形工具□，按Ctrl键的同时绘制正方形，如下图所示。

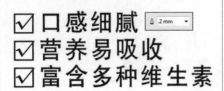

步骤38 打开本章素材"米粉.png"文件，缩小并调整图像的位置，如下图所示。

步骤39 启动Photoshop CC软件，执行"文件>打开"命令，打开本章素材"豌豆.jpg"文件，选择魔棒工具▨在白色背景上单击创建选区，如下图所示。

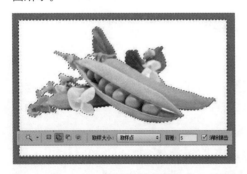

步骤40 双击"背景"图层解锁图层，使用Delete键删除选区中的图像，如下图所示。

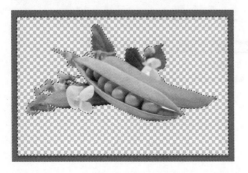

步骤41 执行"图像>裁切"命令，弹出"裁切"对话框，裁切透明像素，如下图所示。

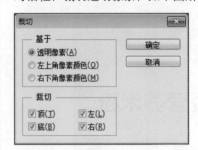

步骤42 将图像以psd格式保存在桌面上，如下图所示。

步骤43 打开CorelDRAW软件，导入本章素材"豌豆.psd"文件，调整图像的位置，如下图所示。

步骤44 使用文本工具圉添加文字信息，在属性栏内设置字体参数，如下图所示。

步骤 45 调整并选择文本工具继续添加文字，在属性栏中设置其参数，如下图所示。

步骤 46 继续调整文字，如下图所示。

步骤 47 拖动"豌豆营养米粉"文字至黑色文字上，单击鼠标右键在弹出的菜单中选择"复制填充"命令，复制填充效果，如下图所示。

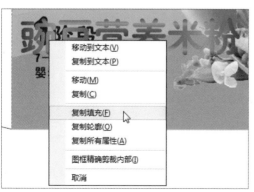

步骤 48 选中文字，如下图所示。

步骤 49 按F12键，弹出"轮廓笔"对话框，调整轮廓大小，如下图所示。

步骤 50 继续添加文字，在属性栏中设置其参数，如下图所示。

步骤 51 按F12键，弹出"轮廓笔"对话框，为其添加轮廓色，如下图所示。

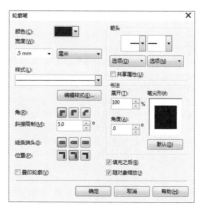

步骤 52 选择文本工具，选中并调整文字效果，如下图所示。

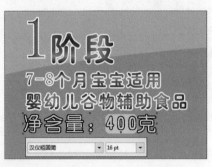

步骤 53 选择椭圆形工具，按Ctrl键绘制正圆图形，如下图所示。

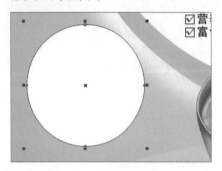

步骤 54 使用键盘上的"+"键，复制上一步绘制的正圆图形，按Shift键中心缩小图形，如下图所示。

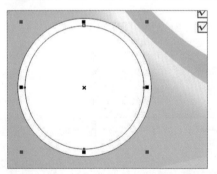

步骤 55 按Shift键加选下方的正圆，单击属性栏中的"修剪"按钮，修剪图形，如下图所示。

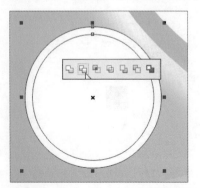

步骤 56 选中上一步修剪后的图形，按F11键，弹出"编辑填充"对话框，为其添加渐变填充效果，如下图所示。

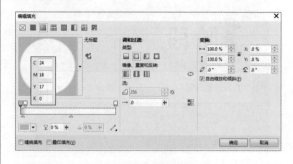

步骤 57 选中白色正圆，如下图所示。

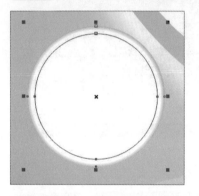

步骤 58 打开"编辑填充"对话框并进行相应的设置，如下图所示。

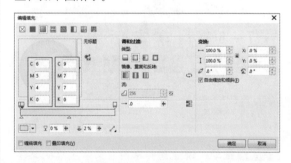

步骤 59 完成后单击"确定"按钮，效果如下图所示。

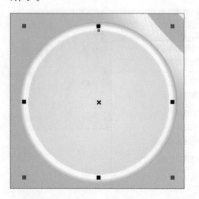

步骤60 选择阴影工具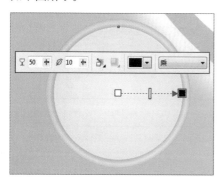，为正圆添加投影效果，如下图所示。

步骤61 继续选择椭圆形工具，绘制椭圆并向下复制椭圆，如下图所示。

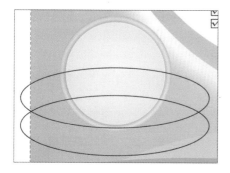

步骤62 选中复制的椭圆并加选原来椭圆，单击属性栏中的"修剪"按钮，修剪图形，如图所示。

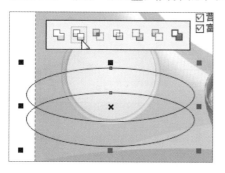

步骤63 选择多边形工具并在属性栏中调整边数为3，绘制下图所示的三角形。

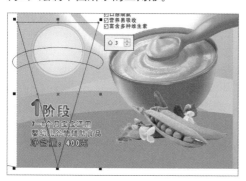

步骤64 创建三角形和修剪后得到图形的相交图形，如下图所示。

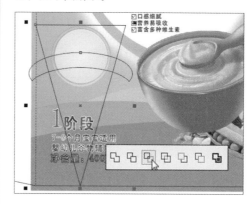

步骤65 选择填充工具，设置填充色为绿色，轮廓描边为无，如下图所示。

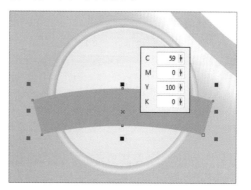

步骤66 使用椭圆形工具绘制椭圆，如下图所示。

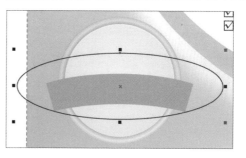

步骤67 使用钢笔工具绘制不规则图形，如下图所示。

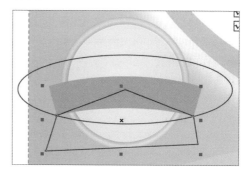

步骤 68 创建上一步绘制的两个图形的相交图形，如下图所示。

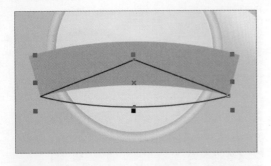

步骤 69 选择填充工具，设置颜色为深绿色，按快捷键Ctrl+PageDown，调整图层顺序，如下图所示。

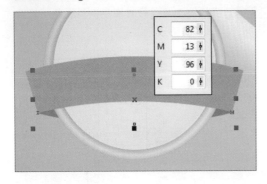

步骤 70 复制绿色图形，取消填充并设置轮廓为黑色，如下图所示。

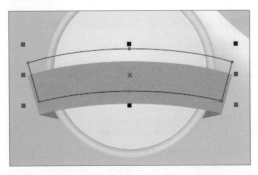

步骤 71 使用形状工具 选中锚点，执行"对象>拆分"命令，拆分曲线，效果如下图所示。

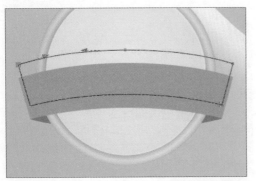

步骤 72 删除上一步曲线中的锚点，选择文本工具 ，在曲线上添加文字信息，如下图所示。

步骤 73 取消曲线的轮廓色，如下图所示。

步骤 74 继续添加文字信息，如图所示。

步骤 75 选中图形并按快捷键Ctrl+G，为图形编组，如下图所示。

步骤 76 继续选中图形并对其进行编组，效果如下图所示。

步骤 77 复制并移动图形的位置，按Shift键加选最上方的渐变矩形，使用快捷键E+C调整图形的中心对齐，如下图所示。

步骤 78 单击属性栏中的水平镜像和垂直镜像按钮，镜像图形，如下图所示。

步骤 79 选择矩形工具，按Ctrl键绘制红色正方形，如下图所示。

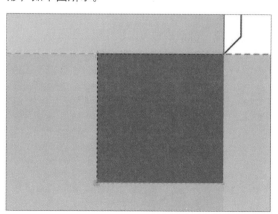

步骤 80 按快捷键Ctrl+Q，将图形转换为曲线，选择形状工具选中并删除左下角的锚点，如下图所示。

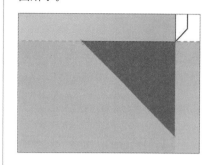

步骤 81 选择文本工具添加文字信息，设置字体字号，如下图所示。

步骤 82 按Ctrl键旋转图形，并单击鼠标右键复制图形，如下图所示。

步骤 83 按F11键，弹出"编辑填充"对话框，在对话框中设置渐变色，单击"确定"按钮，添加渐变填充效果，如下图所示。

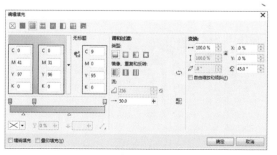

步骤 84 选择椭圆形工具 ◯，按Ctrl键绘制黑色正圆图形，如下图所示。

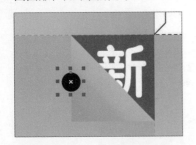

步骤 85 执行"位图>转换为位图"命令，在弹出的对话框中进行参数设置，单击"确定"按钮，将图形转换为图像，如下图所示。

步骤 86 执行"位图>模糊>高斯式模糊"命令，在弹出的"高斯式模糊"对话框中进行相应的设置后，单击"确定"按钮，应用模糊效果，如下图所示。

步骤 87 压扁图像，复制并调整图像的角度，如下图所示。

步骤 88 选中上一步创建的模糊图像，使用快捷键Ctrl+PageDown调整图层顺序，如下图所示。

步骤 89 选中最上方的渐变填充矩形，在属性栏中为长度添加6mm作为出血，如下图所示。

步骤 90 选中右侧的渐变填充矩形，为高度添加6mm作为出血，如下图所示。

步骤 91 选中包装正面的渐变矩形，使用快捷键Ctrl+Q将图形转换为曲线，选中左侧的锚点并使用向左方向键，移动锚点的位置，如下图所示。

步骤 92 继续移动绿色背景图形锚点的位置，如下图所示。

步骤 93 选择矩形工具▢绘制矩形，如下图所示。

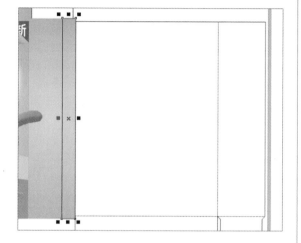

步骤 94 向右拖动上一步创建矩形的右边缘线与刀版的虚线重合，如下图所示。

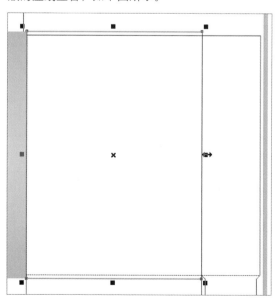

步骤 95 复制之前图形的渐变填充效果，如下图所示。

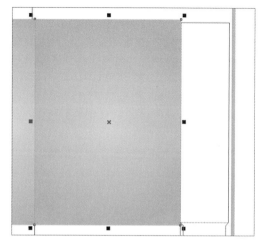

步骤 96 按Ctrl键水平翻转上一步创建的图形，并缩小图形的宽度，如下图所示。

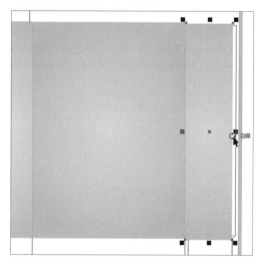

步骤 97 为其填充同样的渐变颜色，如下图所示。

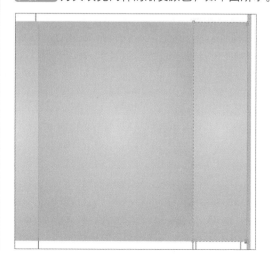

步骤 98 选中最上方渐变填充图形的锚点，使用向上方向键移动锚点的位置，如下图所示。

步骤 99 复制并移动图形的位置，如下图所示。

步骤 100 选中图形并按C键，调整图形为垂直居中对齐，如下图所示。

步骤 101 选中刀版并单击鼠标右键，在弹出的菜单中选择"解锁对象"命令，取消图形的锁定，如下图所示。

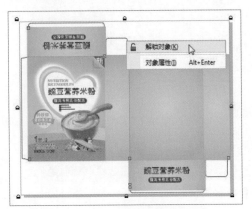

步骤 102 使用快捷键Shift+PageDown调整图形至最上方显示，如下图所示。

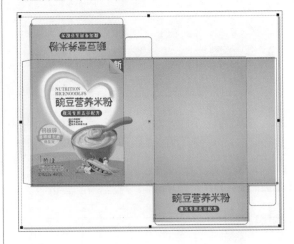

步骤 103 打开本章素材"产品信息.cdr"文件，选中并按快捷键Ctrl+C复制图像，如下图所示。

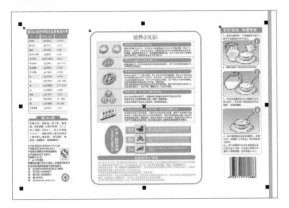

步骤 104 回到正在编辑的文档中，按快捷键Ctrl+V粘贴图像，最终完成本实例的制作效果，如下图所示。

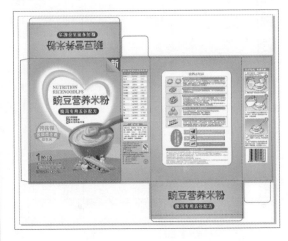

Chapter 08

网站首页设计

本章导读

网页是构成网站的基本元素，是承载各种网站的应用平台。它实际上是一个文件，存放在世界某个角落的某一台计算机中，与互联网相连并通过网址来识别与存取。当输入网址后，浏览器快速运行一段程序，将网页文件传送到用户的计算机中，解释并展示网页的内容。

学习目标

① 在Photoshop软件中进行网页区域的划分，并设置最终的阴影效果

② 在CorelDRAW软件中进行网页的整体制作

案例预览

8.1 设计准备

为了更好地完成本设计案例，现对制作要求及设计内容做如下规划：

作品名称	网站首页设计
作品尺寸	1024mm×800mm
设计创意	01 此网站为美食网站，颜色搭配需鲜亮、明快，充分起到增加访问者食欲的效果 02 网站首页界面布局需完整、清晰、一目了然，使访问者进入此网站之后，能更方便、快捷寻求所需要的信息
主要元素	01 宣传图片 02 菜单栏图标制作 03 背景图案 04 文字信息
印装要求	非印刷品
应用软件	Photoshop、CorelDRAW
同类作品 欣 赏	 
备 注	

8.2　美食网站首页设计

作为网站的首页，其本身宣传性非常重要，访问者第一次进入某一网站，首先看到的内容就是网站首页。网站首页设计的好与坏，体现在能否吸引访问者的继续阅览，能否更加方便、快捷地帮助访问者深入了解网站中的信息与内容。本章将以美食网页设计为例，讲解网页的设计方法和制作技巧。

8.2.1　网页区域的划分

制作网页时，首先要对网页整体布局做一个划分，划分区域的大小、位置不同，其区域内容的重要性也会有所差别，下面为读者讲述如何对网页区域进行划分。

步骤 01 首先打开Photoshop软件，按快捷键Ctrl+N新建空白文件，在"新建"对话框中对其相关属性进行设置，如下图所示。

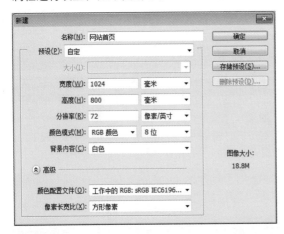

步骤 02 单击"确定"按钮，弹出空白文档，如下图所示。

步骤 03 选择工具箱中的切片工具 ，对画布进行区域划分，使用切片工具进行划分时，单击一处，拖曳鼠标至合适位置，划分效果如下图所示。

步骤 04 选择矩形工具，在划分区域内绘制矩形图形，并填充颜色为灰色（C：14%，M：11%，Y：11%，K：0%）和橙色（C：0%，M：50%，Y：91%，K：0%），执行"文件>储存为"命令，弹出储存面板，设置保存类型为psd格式，效果如下图所示。

8.2.2　网页的整体制作

网页的制作要根据企业或公司的产品，通过对公司的文化理念的展示，来进行网页的设计与制作。本章制作的网页是以美食为主的网站首页，所以整体的色调比较温馨，下面将带领读者详细了解网页的制作过程。

步骤 01 打开CorelDRAW软件，打开素材"网站首页设计源文件.jpg"文件，如下图所示。

步骤 02 打开本章素材"情侣手绘插画.jpg"文件，导入素材，如下图所示。

步骤 03 选中素材图片，执行"位图>轮廓描摹>剪贴画"命令，弹出PowerPRACE对话框，如下图所示。

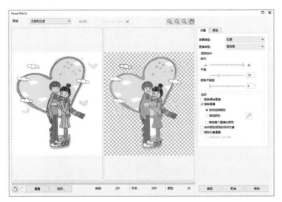

步骤 04 对其相关属性进行设置后，单击"确定"按钮，效果如下图所示。

步骤 05 选择钢笔工具，绘制云朵，填充颜色为白色，轮廓为暗红色（C：48%，M：100%，Y：100%，K：23%），如下图所示。

步骤 06 选择矩形工具，绘制矩形图形，填充颜色为黄色（C：0%，M：4%，Y：89%，K：0%），轮廓为无，如下图所示。

步骤07 选中矩形图形，执行"位图>转换为位图"命令，将其转换为位图，执行"位图>三维效果>透视"命令，弹出"透视"对话框，移动左下角的轮廓边角，可调节透视效果，如下图所示。

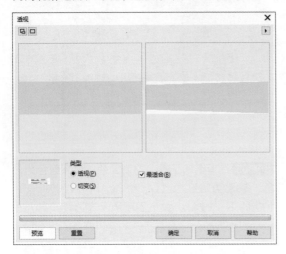

步骤08 完成上述设置，效果如下图所示。

步骤09 选中矩形图形，按快捷键Ctrl+PageDown将其置于云朵后方，如下图所示。

步骤10 选择钢笔工具，绘制矩形阴影部分，填充颜色为咖啡色（C：24%，M：60%，Y：100%，K：0%），如下图所示。

步骤11 选择钢笔工具，绘制三角图形，填充颜色为黄色（C：0%，M：4%，Y：89%，K：0%），如下图所示。

步骤12 继续使用钢笔工具，绘制三角形阴影部分，填充颜色为咖啡色（C：24%，M：60%，Y：100%，K：0%），如下图所示。

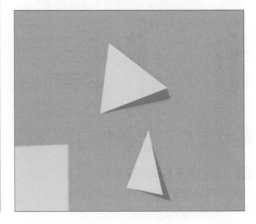

步骤 13 选择文本工具，创建文字内容，字体设置为"方正准圆简体"，字号为58号，填充颜色为红色（C：1%，M：91%，Y：98%，K：0%），如下图所示。

步骤 14 选中字体，执行"位图>转换为位图"命令，将其转换为位图，执行"位图>三维效果>透视"命令，弹出"透视"对话框，调节左下角的角点，设置透视效果，如下图所示。

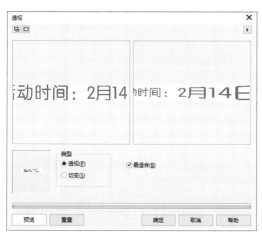

步骤 15 完成上述设置，单击"确定"按钮，效果如下图所示。

步骤 16 选择文本工具，创建本网页的主题名称，设置字体为方正胖头鱼简体，颜色为白色和黄色（C：0%，M：24%，Y：95%，K：0%），如下图所示。

步骤 17 选中"我们的"三个文字，按F12键弹出"轮廓笔"对话框，设置轮廓宽度为4mm，填充颜色为文字的颜色，并设置"角和端点连接"为圆角，如下图所示。

步骤 18 完成上述设置后，效果如下图所示。

步骤 19 使用上述设置对"约会"文字进行设置，按F12键弹出"轮廓笔"对话框，如下图所示。

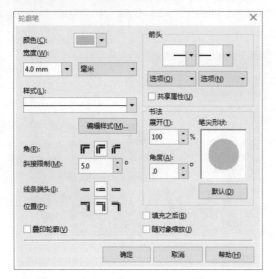

步骤 20 完成上述设置后，效果如下图所示。

步骤 21 选中所有文字，执行"位图>转换为位图"命令，将其转换为位图图形，选中"我们的"文字并右击，选择"轮廓描摹>线条图"命令，弹出PowerTRACE对话框，对其属性进行相应的设置，如下图所示。

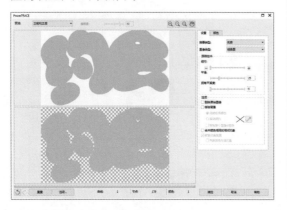

步骤 22 单击"确定"按钮，文字变成矢量图形，如下图所示。

步骤 23 使用上述方法，对"约会"文字进行设置，如下图所示。

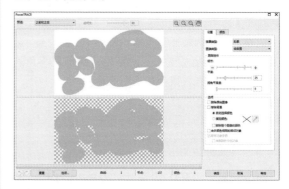

步骤 24 完成设置后，单击"确定"按钮，效果如下图所示。

步骤 25 选择所有文字并右击将其组合对象，按F12键，弹出"轮廓笔"对话框，设置描边为4mm，颜色为黑色，"角"设置为圆角，如下图所示。

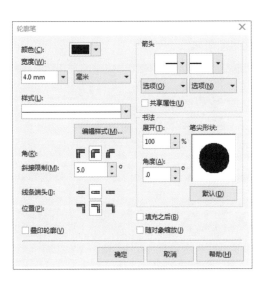

步骤 26 单击"确定"按钮,效果如下图所示。

步骤 27 选择钢笔工具,在文字的下方绘制不规则图形,填充颜色为黑色,如下图所示。

步骤 28 选中文字和绘制的不规则图形,选择属性栏中的相交属性,效果如下图所示。

步骤 29 选中文字中间的线段设置颜色为黑色,如下图所示。

步骤 30 选择透明度工具,设置透明度为90%,效果如下图所示。

步骤31 选择钢笔工具，绘制文字高光部分，如下图所示。

步骤32 选择贝塞尔工具，绘制背景部分的图案，下图为三明治图案。

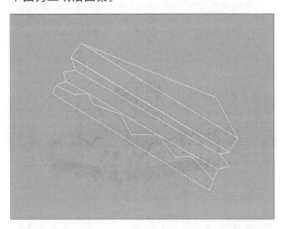

步骤33 选中图案，按F12键，弹出"轮廓笔"对话框，设置轮廓为2mm，角和线条端点设置为圆角，效果如下图所示。

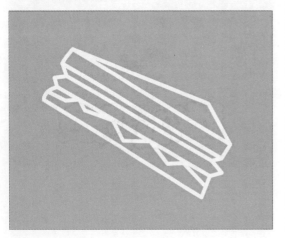

步骤34 继续使用贝塞尔工具，绘制其他图案形状，如下图所示。

步骤35 将绘制的图案移至背景的各个部分，效果如下图所示。

步骤36 选择文本工具，创建标识部分，分别输入英文字母M、S、Z，设置字体为Ravie，字号分别为57号、72号、61号。填充颜色为黑色和红色（C：0%，M：100%，Y：100%，K：0%），并将字母S移至上方，如下图所示。

步骤37 选择透明度工具，设置字母S的透明度为50%，如下图所示。

步骤38 选择钢笔工具，绘制M与S上方交叉的部分，填充颜色为黑色，如下图所示。

步骤39 选择透明度工具，调节透明度为无，如下图所示。

步骤40 选择文本工具，绘制标志的其他部分，输入"美食站"文字，设置字体为微软雅黑，字号为30号，在下方输入字母，字体为微软雅黑，字号为14号，如下图所示。

步骤41 选择矩形工具，在标志下方绘制矩形图形，填充颜色为红色（C：0%，M：100%，Y：100%，K：0%），如下图所示。

步骤42 选择文本工具，在绘制的矩形上输入文字内容，设置字体为Calisto MT和Arial Unicode MS，字号为98号和27号，颜色为白色，如下图所示。

步骤43 在英文上方创建文字，设置字体为微软雅黑，字号为36号，颜色为白色，效果如下图所示。

步骤 44 选择矩形工具，在"美食分类"文字下面绘制矩形图形，如下图所示。

步骤 45 选中图形，对其进行渐变调节，双击右下角的填充工具，弹出"编辑填充"对话框，单击"渐变填充"按钮，如下图所示。

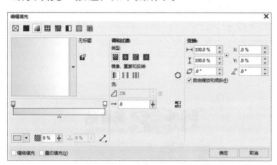

步骤 46 选中左侧渐变滑块后，双击滑块下方节点颜色，弹出填充面板，设置颜色值，如下图所示。

步骤 47 双击渐变条，可以添加渐变滑块，移动滑块调节渐变色，如下图所示。

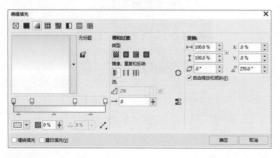

步骤 48 设置完成后，单击"确定"按钮，效果如下图所示。

步骤 49 按下键盘上的"＋"键，将其进行复制，如下图所示。

步骤 50 按快捷键Ctrl＋Shift＋A，弹出"对齐与分布"面板，选择水平居中对齐，并移动图形之间的空隙，效果如下图所示。

步骤51 选择矩形图形绘制左侧的竖条矩形，填充颜色为红色（C：0%，M：100%，Y：100%，K：0%），如下图所示。

步骤52 选中竖条矩形图形，右击进行组合对象，按下键盘上的"+"键，复制图形，填充颜色为灰色（C：28%，M：22%，Y：21%，K：0%），并在"对齐与分布"面板中设置对齐方式，效果如下图所示。

步骤53 选择椭圆工具，按住Ctrl键，绘制正圆图形，填充颜色为灰色（C：28%，M：22%，Y：21%，K：0%），如下图所示。

步骤54 复制多个正圆图形，在弹出的"对齐与分布"面板中，设置对齐与分布关系，效果如下图所示。

步骤55 下面绘制线形的小图标，选择椭圆工具，绘制两个相交的椭圆图形，设置轮廓宽度为0.5mm，颜色为白色，如下图所示。

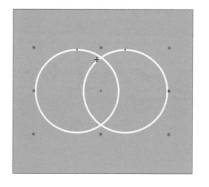

步骤56 选中图形，在属性栏中设置相交属性，效果如下图所示。

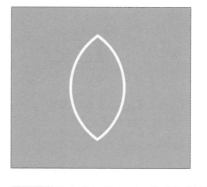

步骤57 选中剪切的图形，将其复制并拖动到下方，如下图所示。

步骤 58 选择矩形工具，按Ctrl键绘制正方形图形，双击图形旋转至90度，并在属性栏中设置角为圆角▣，调节其转角半径为0.8mm，如下图所示。

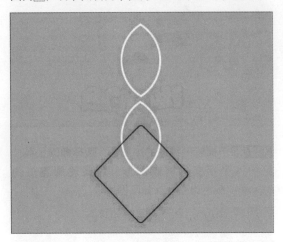

步骤 59 选中相交的椭圆图形和方形图形，在属性栏中设置移除前方对象，效果如下图所示。

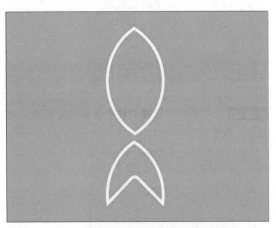

步骤 60 选择矩形工具，再次绘制矩形图形，选中矩形图形和下方的图形，如下图所示。

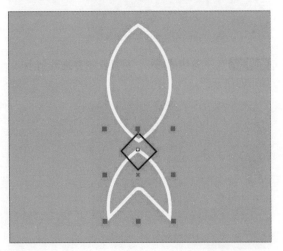

步骤 61 在属性栏中设置移除前方对象属性，如下图所示。

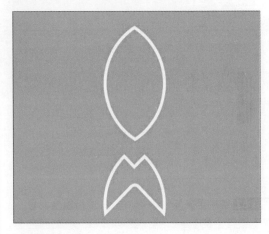

步骤 62 选择下方的图形，按快捷键F12，弹出"轮廓笔"对话框，"角"、"线条端头"和"位置"都选择中间的选项，如下图所示。

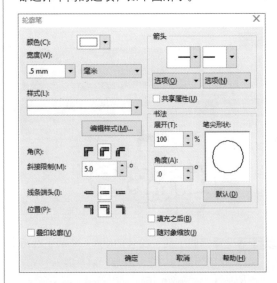

步骤 63 单击"确定"按钮，效果如下图所示。

步骤 64 选择椭圆工具，在上方位置绘制正圆图形，设置轮廓宽度为0.5mm，如下图所示。

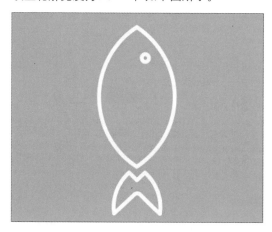

步骤 65 选择钢笔工具，绘制鱼的其他位置，设置轮廓宽度为0.25mm，效果如下图所示。

步骤 66 选择绘制的鱼图形，右击选择组合对象命令，移动至合适位置，如下图所示。

步骤 67 使用上述剪切方法，绘制其他的轮廓线图形，效果如下图所示。

步骤 68 选择文字工具，创建相应的轮廓线图形的文字内容，设置中文字体为"方正粗倩简体"，字号为24号，英文字体为Times New Roman，字号为18号，颜色填充为灰色（C：48%，M：36%，Y：35%，K：0%），如下图所示。

步骤 69 使用上述方法，对其他图标添加相应的文字内容，效果如下图所示。

步骤70 选择矩形工具，在标志右侧绘制搜索栏，即绘制一个轮廓矩形，设置轮廓宽度为2mm，颜色为红色（C：0%，M：100%，Y：100%，K：0%），如下图所示。

步骤71 再绘制一个小矩形，填充颜色为红色，并选择文本工具，创建文字，设置字体为宋体，字号为48号，颜色为白色，如下图所示。

步骤72 再次选择文本工具，创建左侧文本内容，设置字体为微软雅黑，字号为36，颜色为灰色（C：45%，M：36%，Y：35%，K：0%），如下图所示。

步骤73 再次使用文本工具，创建下方的文字内容，设置字体为微软雅黑，字号为24号和36号，填充颜色为黑色和红色（C：0%，M：100%，Y：100%，K：0%），如下图所示。

步骤74 选择矩形工具，绘制搜索栏右侧的购物车选项。首先绘制矩形图形，在属性栏中设置角为圆角，转角半径设置为1.7mm，打开素材文件"购物车.pdf"，导入图片，调整位置，并在其右侧创建文字，设置字体为幼圆，字号为18，颜色为黑色，如下图所示。

步骤75 选择椭圆工具，在购物车形状的右上角绘制正圆图形，填充颜色为红色（C：0%，M：100%，Y：100%，K：0%），并设置图形上的文本格式，字体为黑体，字号为16，颜色为白色，如下图所示。

步骤 76 打开"咖啡.pdf"图片文件，导入图片并移动至最右侧，选择文本工具并创建相关内容，设置字体为"黑体"和"方正彩云简体"，字号为24号，颜色为红色，如下图所示。

步骤 77 执行"文本>插入符号"命令，弹出"插入符号"对话框，插入心形图形，填充颜色为红色，如下图所示。

步骤 78 选择椭圆工具，在最上层绘制正圆图形，选择吸引工具，在绘制的正圆图形上下拉，如下图所示。

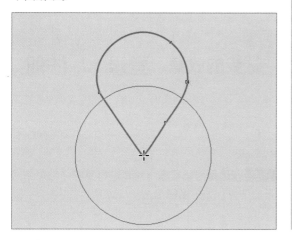

步骤 79 选择椭圆工具，绘制中间的圆，设置轮廓为0.5mm，如下图所示。

步骤 80 选择矩形工具，绘制圆角图形，在属性栏中设置转角半径为0.8mm，设置轮廓颜色为黑色，再绘制矩形图形，填充颜色为灰色和白色，如下图所示。

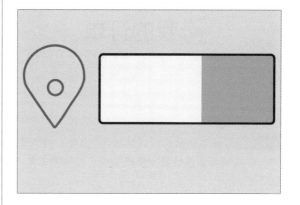

步骤 81 按快捷键Ctrl+F11，弹出"插入符号"对话框，查找并插入三角符号，如下图所示。

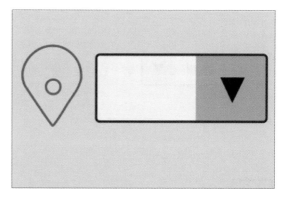

步骤 82 选择文本工具，创建文字，设置字体为黑体，字号为24号，颜色为黑色，如下图所示。

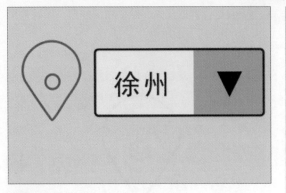

步骤 83 继续使用文本工具，绘制其右侧的内容，设置字体为方正准圆简体，字号为16号，颜色为黑色，如下图所示。

步骤 84 打开本章素材"订单.pdf"文件，导入图片，并移动至合适位置，使用文本工具创建文字，如下图所示。

步骤 85 选择星形工具，绘制星形图形，填充颜色为红色，选择文本工具创建文字，如下图所示。

步骤 86 选择矩形工具绘制矩形图形，填充颜色为灰色（C：11%，M：7%，Y：7%，K：0%），选择刻刀工具，进行切割，移动右侧图形，如下图所示。

步骤 87 选择文本工具，在切割的图形上输入文字，设置字体为黑体，字号为27.37pt，如下图所示。

步骤 88 选择网站标志，对其进行复制，粘贴到网页的下方，如下图所示。

步骤89 选择文本工具，创建标志下方文字信息，设置字体为方正准圆简体，字号为28号和18号，如下图所示。

步骤92 继续选择文本工具，创建最下方文字内容，设置字体为黑体，字号为24号，如下图所示。

步骤90 继续使用文本工具，创建右侧的文字，设置字体为黑体，字号为36号，如图所示。

步骤93 完成上述操作，执行"文件>导出"命令，弹出"导出"面板，设置导出类型为PSD-Adobe Photoshop，将其保存，最终效果如下图所示。

步骤91 打开本章素材"二维码.jpg"文件，导入二维码图片，并在其下方输入相关文字，设置字体为黑体，字号为24号，颜色为黑色，如下图所示。

8.2.3 效果的应用

　　如果想使网页看上去更精致，就要在制作网页细节方面做些效果出来，下面将讲解如何在制作小细节时应用效果。

183

步骤 01 打开Photoshop软件，打开刚刚保存的"网站首页.psd"文件，选择网页中"登录与注册"矩形图形，双击该图形对应的图层，弹出"图层样式"对话框，选择"浮雕与斜面"样式，对其参数进行相关设置，如下图所示。

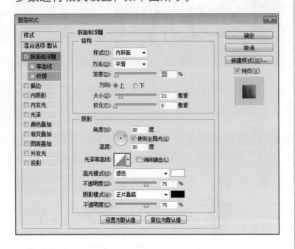

步骤 02 设置完成后，效果如下图所示。

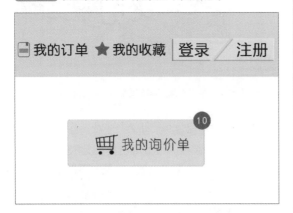

步骤 03 接着选择内阴影样式，对其属性进行相关设置，如下图所示。

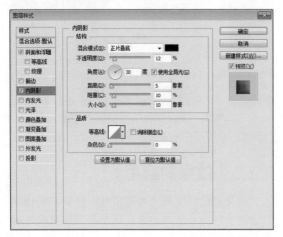

步骤 04 设置完成后，单击"确定"按钮，效果如下图所示。

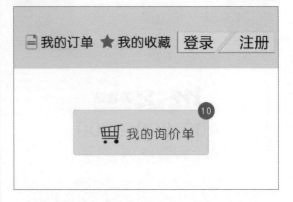

步骤 05 新建图层，选择矩形选框工具，在"美食分类"文字下面绘制矩形图形，并选择渐变工具，填充渐变色，如下图所示。

步骤 06 按快捷键Ctrl+PgDn，将其后置，如下图所示。

步骤 07 执行图层上方的正片叠底效果，效果如下图所示。

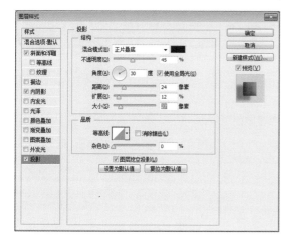

步骤 08 双击咖啡杯图形，选择其图层，弹出"图层样式"对话框，选择投影样式，设置相关属性，如下图所示。

步骤 09 完成相关设置后，单击"确定"按钮，效果如下图所示。

步骤 10 这时，整个网页的制作就完成了，最终效果如下图所示。

Chapter APP界面设计

本章导读

随着现代社会的发展，交互产品已经成为了我们生活中不可或缺的东西，而APP则是手机上必不可少的软件。由于APP的种类很多，有音乐APP、天气APP、健身APP等，不同种类的APP界面也是不同的，要想做好一个APP界面就必须要了解相关功能的应用。

学习目标

① 在CorelDRAW软件中进行APP界面的整体设计与绘制

② 在Photoshop软件中进行图标投影效果的绘制

案例预览

9.1　设计准备

为了更好地完成本设计案例，现对制作要求及设计内容做如下规划：

作品名称	APP界面设计
作品尺寸	135.4mm × 260.9mm
设计创意	01 整体设计的颜色搭配简约、时尚、轻松 02 素材的选用结合了现代人们对不同风格音乐的喜爱 03 图标的设计风格为现代扁平风，简约、大方
主要元素	01 人物图片 02 APP图标制作
印装要求	非印刷品
应用软件	Photoshop、CorelDRAW
同类作品 欣　赏	 
备　注	

9.2 手机音乐APP界面设计

手机上的APP界面多种多样，随着科技的不断更新与发展，APP的界面设计也越来越精致，越来越轻松、简洁。清晰的排版、干净的界面、赏心悦目的APP设计是目前用户最喜欢也最期待的东西。相比于华丽和花哨的菜单设计，简单的下拉菜单和侧边栏会更符合趋势。本章将讲述如何制作音乐APP的界面。

9.2.1 APP界面的图文编排

APP界面上的图与文之间需保持一定的距离，字与字之间不可太紧凑，APP界面整体布局要轻松化，其背景和内容的对比度一定要合适，这样用户在使用的过程中才会感觉舒适。

步骤 01 打开CorelDRAW软件，按Ctrl＋N快捷键，新建一个A4大小文档，并对其相关属性进行设置，如下图所示。

步骤 02 单击"确定"按钮，如下图所示。

步骤 03 选择矩形工具，绘制一个长为134mm，高为245mm的矩形图形，填充颜色为灰色（C：13%，M：10%，Y：10%，K：0%），描边为无，如下图所示。

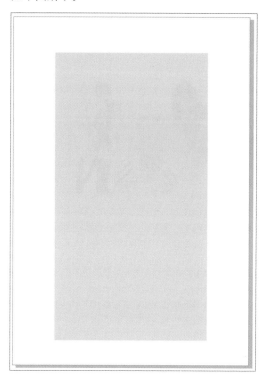

步骤 04 打开APP界面素材文件，选择移动工具，将图片拖曳到绘图区的适当位置，如下图所示。

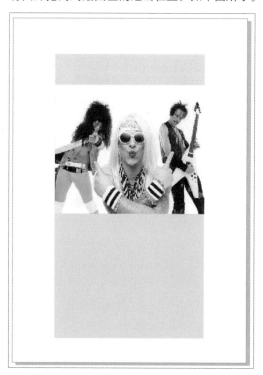

步骤05 选择矩形工具，绘制一个小矩形图形，填充颜色为灰色（C：25%，M：18%，Y：19%，K：0%），描边为无，如下图所示。

步骤06 再绘制一个矩形图形，填充颜色为蓝绿色（C：70%，M：0%，Y：23%，K：0%），描边为无，如下图所示。

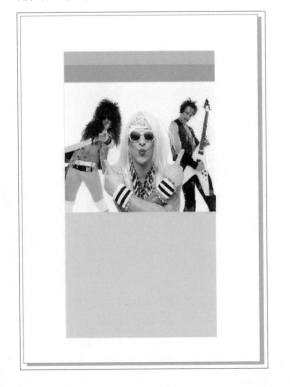

步骤07 选择椭圆工具，按Ctrl键，绘制正圆图形，填充颜色为白色，描边为无，按小键盘中的"+"键，复制正圆图形，如下图所示。

步骤08 按小键盘中的"+"键，复制两个正圆图形，设置描边为0.5mm，效果如下图所示。

步骤09 选择文字工具，创建"中国电信"文字，设置文本颜色为白色，字体为"微软雅黑"，字号为11号，如下图所示。

步骤10 选择椭圆工具◎，按住Ctrl键，绘制一个正圆，设置颜色为白色，轮廓宽度为0.5mm，如下图所示。

步骤11 选择刻刀工具◢，在椭圆轮廓线的左上侧单击一下，按住Shift键拖动鼠标至右侧，如下图所示。

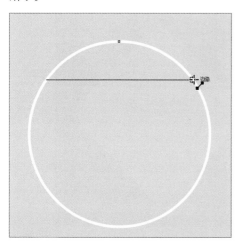

步骤12 松开鼠标，选中下半部分的圆弧，按Delete键删除，如下图所示。

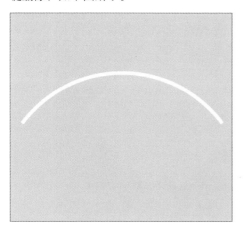

步骤13 选中弧形，按快捷键F12，弹出"轮廓笔"对话框，选择"角"为圆角，如下图所示。

步骤14 单击"确定"按钮，效果如下图所示。

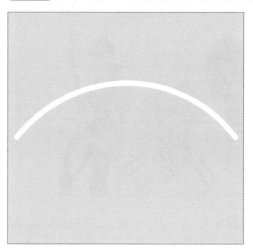

步骤15 按小键盘中"+"键，拖动并复制弧形，如下图所示。

步骤 16 选择椭圆工具，按住Ctrl键绘制正圆图形，填充颜色为白色，如下图所示。

步骤 17 拖动绘制的Wifi图形至合适位置，如下图所示。

步骤 18 选择文字工具，在最上方的中间位置，输入时间"1:30PM"，设置字体为微软雅黑，颜色为白色，字号为11号。在右上角输入"70%"字样，设置和"1:30PM"相同的文本格式，效果如下图所示。

步骤 19 选择矩形工具，绘制轮廓矩形，轮廓宽度设置为0.25，填充颜色为白色，使用同样的方法，绘制其他矩形，效果如下图所示。

步骤 20 选择矩形工具，绘制正方形图形，填充颜色为白色，双击并旋转至垂直角度，如下图所示。

步骤 21 按键盘上的"+"键，复制图形，如下图所示。

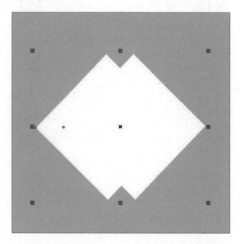

步骤 22 选中图形，在属性栏中单击"移除前面对象"按钮 🔲，效果如下图所示。

步骤 23 使用同样的方法，对图形进行剪裁，效果如下图所示。

步骤 24 选择2点线工具，绘制直线。按F12键，弹出"轮廓笔"对话框，选择"线条端点"为圆角，单击"确定"按钮，效果如下图所示。

步骤 25 按键盘上的"+"键，复制两个图形，效果如下图所示。

步骤 26 选择文字工具，输入"童话镇"和"Text"文字，设置字体为微软雅黑，字号为12号，颜色为白色，如下图所示。

步骤 27 选择矩形工具，绘制矩形图形，填充颜色为黄色（C：3%，M：38%，Y：91%，K：0%），如下图所示。

步骤28 选择文字工具，在黄色矩形上输入英文，设置字体为微软雅黑，字号为13号，颜色为白色，如下图所示。

步骤29 继续使用文字工具，输入下方歌词部分，分别设置颜色为绿色（C：70%，M：5%，Y：38%，K：0%）和灰色（C：70%，M：62%，Y：59%，K：10%），如下图所示。

步骤30 选择浅灰色字体并选中透明度工具，设置透明度为20%，效果如下图所示。

步骤31 选择矩形工具，在黄色矩形左侧绘制矩形，填充颜色为白色，再选择钢笔工具，绘制梯形，如下图所示。

步骤32 选择椭圆工具，绘制正圆图形，使用刻刀工具进行裁剪，如下图所示。

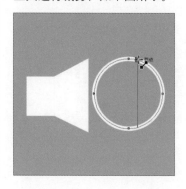

步骤33 选中左侧弧形,按Delete键进行删除,效果如下图所示。

步骤34 选中弧形图形,按快捷键F12,弹出"轮廓笔"对话框,选择"线条端头"为圆形端头▭,效果如下图所示。

步骤35 按键盘上的"+"键,复制并缩小弧形,效果如下图所示。

步骤36 选择矩形工具,在歌词下方绘制一个分割线,颜色填充为浅灰色(C:11%,M:8%,Y:8%,K:0%),如下图所示。

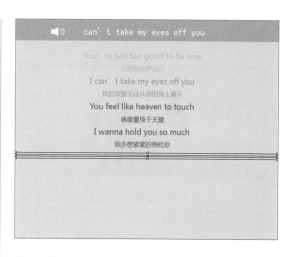

步骤37 完成以上步骤,执行"文件>导出>导出面板"命令,设置文件的保存类型为psd格式,APP界面的图文编排效果如下图所示。

9.2.2 绘制图标投影效果

绘制图标的投影时,童谣按钮之间的投影参数设置需统一,并且投影效果不可太生硬,阴影部分过渡要自然。

步骤 01 打开Photoshop软件后，打开"手机APP界面设计.psd"文件，如下图所示。

步骤 02 选中背景图层，按快捷键Ctrl+Alt+C，弹出"画布大小"对话框，设置画布的相关尺寸，如下图所示。

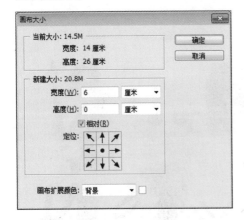

步骤 03 单击"确定"按钮，如下图所示。

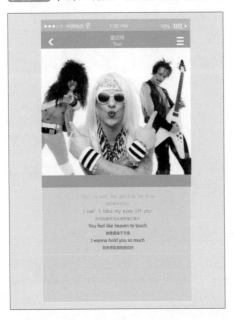

步骤 04 单击界面中右下角的"新建图层"按钮，弹出图层并双击，重命名为"圆"，选择椭圆选框工具，绘制椭圆图形，如下图所示。

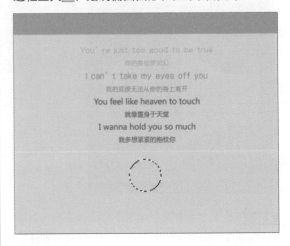

步骤 05 选择填充工具，填充颜色为灰色（C：8%，M：6%，Y：6%，K：0%），如下图所示。

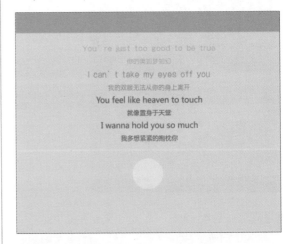

步骤 06 双击"圆"图层空白处，弹出"图层样式"对话框，对其属性进行设置，如下图所示。

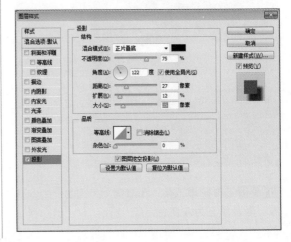

步骤07 单击"确定"按钮，效果如下图所示。

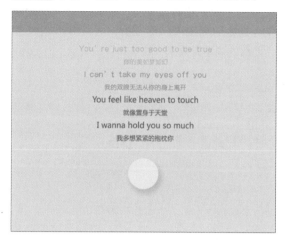

步骤08 新建图层并命名为"圆1"，选择椭圆选框工具，绘制椭圆图形，填充颜色为灰色（C：11%，M：9%，Y：8%，K：0%），如下图所示。

步骤09 选中图层"圆"与"圆1"，进行复制操作后，按快捷键Alt+T对其进行相应的缩小，效果如下图所示。

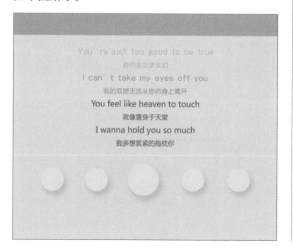

步骤10 新建图层，命名为"三角"，选择钢笔工具 ✐ 绘制三角形，如下图所示。

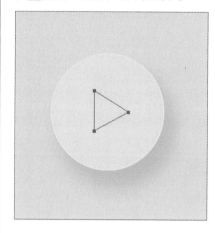

步骤11 右击绘制的图形，建立选区，选择填充工具，填充颜色为蓝色（C：100%，M：89%，Y：1%，K：0%），如下图所示。

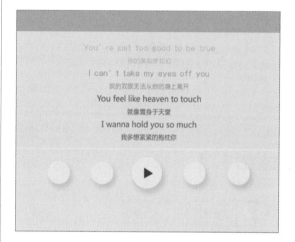

步骤12 双击"三角"图层，弹出"图层样式"对话框，选择"内发光"样式并设置相关属性，如下图所示。

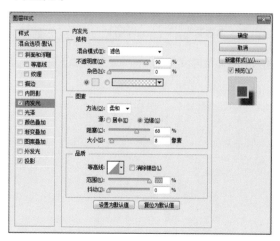

步骤 13 单击"确定"按钮，效果如下图所示。

步骤 14 选中三角图形并进行复制，按Ctrl+T键将其进行相应的缩小，如下图所示。

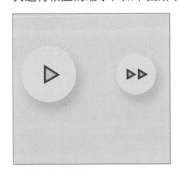

步骤 15 选中拷贝的图层，单击内发光效果前面的眼睛图标，如下图所示。

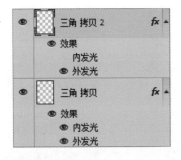

步骤 16 隐藏内发光图层样式效果，如下图所示。

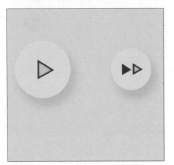

步骤 17 选择快速选择工具，选中隐藏内发光效果的图形，选择填充工具，填充颜色为灰色（C：70%，M：61%，Y：58%，K：10%）后，显示隐藏的内发光效果，效果如下图所示。

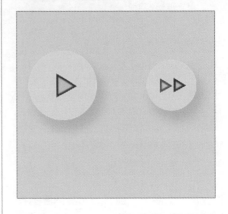

步骤 18 使用上述相同的方法，对其他图形进行设置，效果如下图所示。

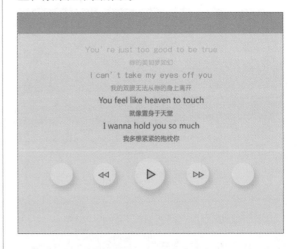

步骤 19 选择矩形工具，绘制矩形图形，填充颜色为灰色（C：69%，M：61%，Y：58%，K：9%），如下图所示。

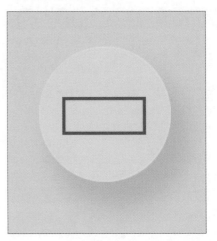

步骤 20 单击绘图区右侧的属性按钮 ，弹出"属性"面板，对其相关属性进行设置，如下图所示。

步骤 21 选择矩形工具并绘制矩形图形，如下图所示。

步骤 22 选择属性栏中的交叉形状减去按钮 ，效果如下图所示。

步骤 23 选择多边形工具，绘制三角图形，在属性栏中设置边数为3，如下图所示。

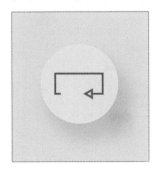

步骤 24 选择钢笔工具并绘制不规则图形，如下图所示。

步骤 25 选中不规则图形，按Alt键复制并右击选择水平旋转，如下图所示。

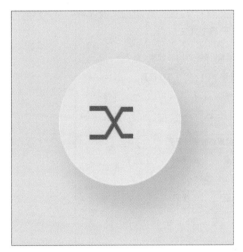

步骤 26 选择多边形工具并绘制三角形，效果如下图所示。

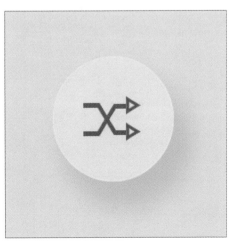

步骤 27 选择圆角矩形工具，绘制圆角矩形图形，如下图所示。

步骤 28 在"属性"面板中，对其相关属性进行设置，如下图所示。

步骤 29 完成属性设置后，效果如下图所示。

步骤 30 选择圆角矩形工具，绘制圆角矩形图形，在"属性"面板进行相应的设置，如下图所示。

步骤 31 完成设置，效果如下图所示。

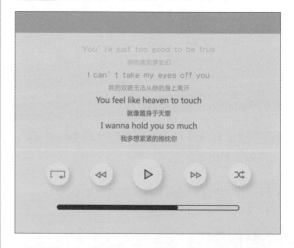

步骤 32 按Alt键复制图层"圆1"，双击复制的图层，弹出"图层样式"对话框，设置相关属性，如下图所示。

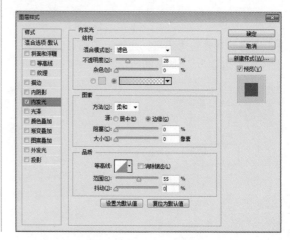

步骤 33 单击"确定"按钮，效果如下图所示。

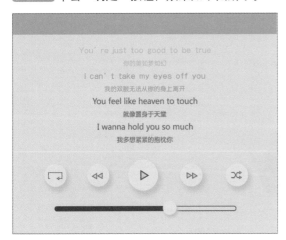

步骤 34 选择椭圆选框工具，绘制椭圆图形，填充颜色为蓝色（C：100%，M：100%，Y：0%，K：0%），如下图所示。

步骤 35 选择文字工具，输入时间文本，设置文本颜色为蓝色（C：100%，M：100%，Y：0%，K：0%），字体为汉仪中圆简，字号为11号，如下图所示。

步骤 36 完成以上操作后，效果如下图所示。

步骤 37 最终展示效果如下图所示。